探险者发现之旅丛书

征服冰峰之旅

本书编写组

世界图书出版公司
广州·上海·西安·北京

图书在版编目（CIP）数据

征服冰峰之旅 /《征服冰峰之旅》编写组编 . —广州：广东世界图书出版公司，2010.6 （2021.5 重印）
ISBN 978 - 7 - 5100 - 1485 - 7

Ⅰ . ①征… Ⅱ . ①征… Ⅲ . ①冰山 - 探险 - 世界 - 通俗读物 Ⅳ . ①P941.76 - 49

中国版本图书馆 CIP 数据核字（2010）第 116818 号

书　　名	征服冰峰之旅	
	ZHENGFU BINGFENG ZHILV	
编　　者	《征服冰峰之旅》编写组	
责任编辑	康琬娟	
装帧设计	李　超	
责任技编	刘上锦　余坤泽	
出版发行	世界图书出版有限公司　世界图书出版广东有限公司	
地　　址	广州市海珠区新港西路大江冲 25 号	
邮　　编	510300	
电　　话	020-84451969　84453623	
网　　址	http://www.gdst.com.cn	
邮　　箱	wpc_gdst@163.com	
经　　销	新华书店	
印　　刷	北京兰星球彩色印刷有限公司	
开　　本	787mm×1092mm　1/16	
印　　张	10	
字　　数	120 千字	
版　　次	2010 年 6 月第 1 版　2021 年 5 月第 11 次印刷	
国际书号	ISBN　978-7-5100-1485-7	
定　　价	38.00 元	

前　言
PREFACE

　　1786 年 8 月，法国人巴卡罗与当地土著巴尔马特结伴第一次登上阿尔卑斯山的最高峰勃朗峰，次年，由科学家索修尔率领的登山队再度登上勃朗峰，引起巨大轰动，吸引了许多人参与到这项运动中来，世界登山运动由此诞生。因为登山运动首先从阿尔卑斯山区开始，故此项运动也称为"阿尔卑斯运动"。

　　在索修尔之后的半个多世纪，登山运动以其越来越浩大的声势展现在新的历史时代面前。特别是从 1855 年到 1865 年的 10 年中，除了勃朗峰之外，阿尔卑斯山脉海拔 4000 米以上的 21 座山峰全部被各国登山者所征服。至此，以阿尔卑斯山为中心的登山运动达到了顶峰，出现了所谓"阿尔卑斯的黄金时代"。

　　1865 年以后，人们转而选择从未有人攀登过的、更为难攀、更为艰险的路线去攀登阿尔卑斯山主峰。为了克服困难，人们开始研究和使用一些辅助装备来进行攀登和经过危险的地段。从 1890 开始到 1917 年，是继"黄金时代"之后的另一个新的阶段，这在世界登山运动史上称之为"阿尔卑斯的白银时代"。接下去的"阿尔卑斯的铁器时代"，也就是登山者向"三大北壁"：玛达霍隆峰的北壁、古兰特·焦拉斯峰的北壁和埃格尔峰的北壁挑战的时代。1938 年夏，最难攀的三大北壁被德国和奥地利的攀岩能手所征服。

　　而在 19 世纪 80 年代以后，使用各种攀登工具和技术的登山活动日渐推广，其活动地区也从阿尔卑斯低山区向外扩展，一路扩展到亚洲的喜马拉雅、喀喇昆仑高山区，另一路则越过大西洋进入美洲大陆。

　　在亚洲高山区登山活动的早期阶段，都带有探险性质，因此被称为"高山探险"，这一阶段始于 1907 年，结束于 1938 年。对喜马拉雅山区的地理、地质、地貌和气象等变化特点很不了解，早期的开拓者付出了相当大的代价。

1953 年 5 月 29 日，英国登山队从南坡首次登上了世界最高峰——珠穆朗玛峰。1964 年 5 月 2 日，中国登山队登上了 8000 米以上高峰中最后一座未被征服过的西夏邦马峰。至此，世界 14 座 8000 米以上的高峰，纷纷为英、中、美、意、日等十多个国家的登山运动员在十几年的时间内全部征服，这一时期又被称为"喜马拉雅的黄金时代"。

1964 年 5 月，开拓式的攀登时代已宣告结束，从而迎来了喜马拉雅的一个新的登山时代——白银时代。这个时代的特点是：各国登山运动员尝试从各个不同的角度和路线攀登，继续创造新的攀登路线和人数上的纪录；登山者在不使用氧气装备的基础上攀登到海拔 8500 米的高度，向生命极限发起挑战；妇女创造了珠穆朗玛峰女子登山的新纪录以及优秀女登山运动员不断涌现；登山运动的装备不断现代化，还派生出各种新型的高山登山活动，如：高山滑雪、高山滑翔等。

进入 20 世纪 80 年代，登山史上出现了喜马拉雅高山区的登山新高潮。从 1980 年到 1981 年春一年多的时间里，来自全世界五大洲的 120 支登山队，在中尼边境附近的喜马拉雅山上从事登山活动，创造了多项世界新纪录。因此，国际登山界把这种登山高潮誉为 80 年代的"喜马拉雅热"。

除了阿尔卑斯山脉、喜马拉雅山脉，世界上还有许多高山险峰，吸引了无数人去攀登去征服，其中以征服非洲之巅乞力马扎罗山、北美之巅麦金利山、南美之巅阿空加瓜峰、世界第二高峰乔戈里峰、"山中之王"贡嘎山等登山活动格外引人注目。

有人问英国著名登山家乔治·马洛，为什么想攀登世界最高峰，他淡然地答道："因为山在那里。"这里没有高谈阔论，没有豪言壮语，就是因为喜欢攀登、挑战和征服，就是因为山在那里吸引着我、召唤着我，所以我就要去攀登！

Contents
目 录

向阿尔卑斯山脉进军

XIANG AERBEISI SHANMAI JINJUN

阿尔卑斯山脉（Alps）长约 1200 千米，是欧洲最高大、最宏伟的山脉。平均海拔 3000 米左右，最高峰勃朗峰海拔 4807 米。山势雄伟，风景优美，许多高峰终年积雪。晶莹的雪峰、浓密的树林和清澈的山间流水共同组成了阿尔卑斯山脉迷人的风光。

阿尔卑斯山脉位于欧洲中南部，阿尔卑斯山脉从亚热带地中海海岸法国的尼斯附近向北延伸至日内瓦湖，然后再向东—东北伸展至多瑙河上的维也纳。阿尔卑斯山脉遍及法国、意大利、瑞士、德国、奥地利和斯洛文尼亚六个国家，其中瑞士和奥地利可算作是真正的阿尔卑斯型国家。

阿尔卑斯山脊将欧洲隔离成几个区域，是许多欧洲大河，如罗讷河、莱茵河、多瑙河许多支流的发源地。从阿尔卑斯山脉流出的水最终注入北海、地中海、亚得里亚海和黑海。由于其弧一般的形状，阿尔卑斯山脉将欧洲西海岸的海洋性气候带与法国、意大利和西巴尔干诸国的地中海地区隔开。

18 世纪 80 年代，索修尔、巴卡罗等人先后登上阿尔卑斯山脉的最高峰勃朗峰，开启了阿尔卑斯的黄金时代，也是世界登山运动的开端，从此登山运动在各国蓬勃兴起……

■■■ 大自然的宫殿

在欧洲中部，有一座雄伟挺拔的巨大山脉，山势高峻而陡峭，山峰绵延起伏，山巅白雪皑皑，放射着耀眼的光辉，如同一条银色的长龙横跨欧洲大陆，这就是欧洲最高山脉——阿尔卑斯山。

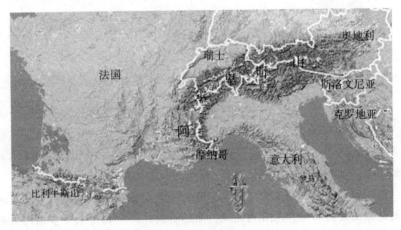

阿尔卑斯山脉地形图

阿尔卑斯山蜿蜒起伏 1200 千米，平均海拔约 3000 米，它从热那亚湾附近的图尔奇诺山口沿法国和意大利交界线北上，经瑞士进入奥地利境内，沿途跨越法国数省、意大利北端、瑞士和奥地利的绝大部分，有些支脉甚至伸入德国境内。

阿尔卑斯山的形成经历了一个漫长的过程。在中生代绝大部分时间里，南部欧洲被比现在大的"地中海"所覆盖，大量石灰质的沉积物流入其中，并且逐渐沉积了下来。当时这片海域被两个大陆块环绕着，北面的是劳拉细亚大陆，南面的是冈瓦那大陆。根据大陆漂移学说，南面的大陆块开始向北推进，不断地侵入广阔的沉积海槽。早在中生代中期海脊就开始形成，不久它们便浮出海面成了弧形列岛。在整个白垩纪时期，地壳的变形一直继续进行，并在第三纪中期达到了高峰，沉积层和结晶的基部逐渐隆起，高出海面数十千米，并且还被推进巨大的褶皱之中，其中大部分向北倒转。到了造山运动的晚期，褶皱的较高部分越过较低部分，或者被逆冲岩面拖曳而在已经形成的山地构造上面滑动，造山运动终止于法国、瑞士和奥地利境内阿尔卑斯山脉的前沿部分，往往形成高达 2000 米的悬崖峭壁，大规模伴随而来的是侵入、火山喷发、隆起或下沉。

尽管阿尔卑斯山是地质运动的产物，这次造山运动牵连了南欧大部分地区，阿尔卑斯也成了数座山脉的交汇点。它向东延伸是喀尔巴阡山脉，向南延伸是亚平宁山脉，向西南延伸是比利牛斯山脉。据考证，阿尔卑斯山脉可能还穿插过希腊的山峰和希腊岛屿，一直延伸到伊朗和中亚的较高山脉，只是在小亚细亚稍微有点儿中

阿尔卑斯山脉片段

断。最终，阿尔卑斯山以雄伟的姿态屹立于南欧大陆，眺望着那碧波万里的地中海。

阿尔卑斯山的主峰勃朗峰是西欧最高峰。勃朗峰由于常年受西风影响，降水量非常多，山顶终年积雪。勃朗峰，海拔 4807 米，位于法国和意大利的边境上。"勃朗"一词在法语中是"白"的意思，由于山峰终年积雪不化，银白如玉，故称勃朗峰。

越过隆河峡谷便是伯尼兹阿尔卑斯山，这是中部阿尔卑斯山脉的主要山脊。此山脉拥有许多高耸的山峰，海拔在 4000 米以上的有芬斯特瓦峰、阿莱奇峰和无与伦比的少女峰。其中少女峰最为秀美，亭亭玉立犹如一个脉脉含情的少女翘首远望。山顶积雪皑皑，耸入云中，雪线以下绿意悠悠，绿树随山势此起彼伏，青草漫山遍地伸展。虽然少女峰看起来温柔秀丽，但是极难攀登，1811 年有人第一次登上了少女峰，但直到 1936 年才有人登上此峰最为艰难的一面山坡，现在爬少女峰可以乘火车。

瑞士少女峰

阿尔卑斯山由于海拔较高，地理环境非常复杂，形成了独特的气候区域，内部差异也很显著。山的东部和北部处于西风带，冬暖夏凉，夏季降水充足；山脉的南部受地中海湿润气流的影响，冬季温暖湿润，夏季干燥炎热。阿尔卑斯山的降水量随海拔升高而增多，自西向东逐渐减少。年降水量一般在 1200～2000 毫米，高山地带可达 3000 毫米，山区河水多以雪的形式来补充，成为许多大河的水源之一。

阿尔卑斯山也是军事上的战略要地，山上的通道对取得战争最后胜利曾起过重要作用。位于意大利和瑞士边界的大圣伯那通道曾经被拿破仑选择作为他侵略意大利的通路；瑞士中部的辛普伦通道和圣哥达通道连接奥地利和意大利，更远可到达东方的布罗纳山口，这条路对中世纪德国的帝王来说是到达意大利的最佳途径，也是希特勒和墨索里尼企图征服世界的起点。第二次世界大战后，又有许多公路隧道相继通车。1980 年，圣戈塔隧道通车，全长 16.3 千米，成为中南欧交通的大动脉。

伟大的诗人拜伦曾经把阿尔卑斯山比作"大自然的宫殿"，阿尔卑斯山的确当之无愧，它早已成为欧洲最大的旅游胜地。

少女峰

少女峰是瑞士的著名山峰，海拔 4158 米，位于因特拉肯市旅游地东南二三十千米处。这座风景秀丽的山峰把伯恩州和瓦莱州隔开，是伯恩阿尔卑斯山的一部分。它被称为阿尔卑斯山的"皇后"，是阿尔卑斯山的最高峰之一，横亘 18 千米，宛如一位少女，披着长发，银装素裹，恬静地仰卧在白云之间。

少女峰受拔地而起的阿尔卑斯山脉影响，该地区高高隆起，成为一块云集着众多雄伟峰峦的云中之地。其中，艾格尔山、明希山和少女峰是这片密布着白雪的皑皑雪山中最为璀璨的三颗明珠。以秀美而闻名的少女峰是最迷人的地方，成为每一个来瑞士旅行的人几乎都不会错过的地方。

阿尔卑斯山奇观

据传说，许多年以前，当时的瑞士，正处于外国侵占者的奴役之下。在瑞士的一些州暴发了人民起义。起义是由三弟兄领导的，兄弟三个都是勇敢而坚强的人。

起义者为争取自由和独立而英勇战斗，但是他们的力量却逐渐衰弱下来，战士们相继牺牲，最后只剩下了勇敢的三弟兄。他们边战斗边向山上退却。追兵来到山下后，封锁了下山的道路，三兄弟被困在山

阿尔卑斯山脉片段

上。他们对自由的热爱是那样强烈，宁愿作为自由人而死，也决不愿作为奴隶而生。这种热爱自由的精神战胜了死亡！三兄弟没有死，他们深入到深山密林之中，等待着人们成为自由人的伟大日子的到来。

从那时起，他们在山中朦胧入睡了。他们梦见祖国的自由和幸福，梦见整个大地上有了自由和幸福。

有一天，三兄弟中的一个偶尔从山中走出来，登上冰封的山巅。这时住在山谷里的人们看到他高大的身影映在天空的云团上。他环顾整个世界，然后忧伤地回到兄弟身边，对他们说道："伟大的解放的日子还没有来临。"兄弟们悲哀地叹息着，这时排山倒海的雪崩从山上冲滚而下……

神话总归是神话，但是今天瑞士的阿尔卑斯山中，发生了一个完全类似的故事：

有一批旅游者向阿尔卑斯山的一座山峰攀登。这些旅游者都是年轻人，只有向导是个老山民。这些年轻人中，有许多人是第一次来山中旅游。一开始他们精神抖擞，走得很快。但是这些登山者越向上爬，步履越艰难。不久，每个人都开始感到筋疲力尽了。只有向导一个人仍像以前那样稳步而行，他敏捷地跳过山中的裂缝，迅速而轻巧地爬到突出的一块岩石上。他站在山岩上举目四望，一幅奇妙的景象展现在他眼前。只见周围高耸着白雪皑皑的山峰，近处的山峰在炫目的阳光下闪耀着刺眼的光芒，远处的山峰则呈现出淡淡的蓝色。陡峭的斜坡伸向深深的狭谷，阿尔卑斯浅绿色草地像明亮的斑点一样散落在山下。

当旅游的人们上到大约2000米的高度时，开始从北方吹来阵阵冷风，顿时，天空中浓云密布，下起了小雨。雨雾的密幕越来越大，逐渐遮盖了一切。

疲惫不堪的人们浑身都湿透了，他们已经不想再向山顶攀登，而准备返回。这时向导告诉他们，就快到一个可以休息的地方了。十几分钟后，他们就来到一个不大的茅舍，由于年久失修，茅舍看起来几乎成了黑色的。按照当地山里居民的风俗习惯，小屋里还储放着干草。

不一会儿，炉子里燃起了炉火。旅游者们高兴起来，他们边取暖，边烤衣服，有的人则在准备食物。

两小时后，大阳又出来了，休息之后的他们又变得兴致勃勃起来，准备向顶峰进军了。他们也慢慢地掌握了爬山的窍门。为了节省体力，他们走得比较慢，最后终于来到这座山的一个侧峰。

这时已是夕阳西下时分，太阳临近地平线了，强劲的北风继续把云团向南方驱赶。太阳的光线从下向上照射着人们。就在这时，突然发生了意想不到的"奇迹"。

一个年轻人赶到向导前面，第一个登上了山巅。就在他踏上岩石的瞬间，在东方的云彩上出现了一个人的巨大身影。影子十分明显，人们不约而同地都停下了脚步。但是向导平静地看了那个巨大的影子一眼，又看看惊呆的年轻人，笑了笑，然后对他们说道："别害怕，这是常有的事。"说话之间，他已登上了岩石。

当他和先到的那个年轻人并排而立时，云彩间又出现了一个巨大的人影。向导从头上摘下暖和的毡帽，挥动着它。其中一个影子也跟着他动作：一只巨大的手抬到头上，摘下帽子，挥动着它。年轻人把自己手中的拐棍向上举起，他的巨大身影也跟他一样做同样的动作。

这样一来，每一个旅游者当然都想爬到岩石上，看看自己在空中的影子。但是，云彩很快遮盖了正在向地平线下降落的太阳，于是这奇异的影子也就随之消失了。

征服西欧之巅勃朗峰

索修尔的悬赏

阿尔卑斯山脉奇峰突兀，白雪皑皑，那巍峨壮丽的群峰时隐时现，给人多少遐想和神往。阿尔卑斯山孕育了著名的罗讷河、莱茵河、多瑙河、阿迪杰河和波河，也演出了登山史上许许多多个可歌可泣的故事。

在北纬45.7°、东经7°的阿尔卑斯西麓，坐落着一座海拔4807米的白色山峰——勃朗峰。勃朗峰是整个阿尔卑斯山的最高峰，也是西欧最高峰，人类正式把登山作为一项运动和事业，正是从这里开始的。

1740年，索修尔出生于瑞士首都日内瓦。从孩提时代起，索修尔就表现出了对大自然的无限向往和对科学事业的非凡热忱。1760年，刚刚20岁的索修尔已经是日内瓦科学界一位举足轻重的学者了。为了研究冰川，他来到观光胜地夏摩尼一带。通过考察，他获得了许多宝贵的资料。通过对这些资料进行整理分类，他写成了对后世地理学发展有重大影响的专著——《阿尔卑斯之旅》。

在夏摩尼的那些日子里，索修尔在工作之余，时常凝视着东南方向。那里就耸立着跨越意大利、法国和瑞士三国边界的勃朗峰。勃朗峰雄踞于群山之上，白色的圆顶在蔚蓝色的天幕下呈现出柔和而优美的弧线；皑皑白雪与璀璨的阳光交相辉映，格外耀眼。勃朗峰的海拔为4807米，对于当时的欧洲人来说，那是一个可望而不可即的高度，所以，当索修尔看到勃朗峰时，它还是无人攀登过的处女峰。

勃朗峰

几乎索修尔碰到的每一个山地居民都坚信：在那美丽的勃朗峰顶上，居住着吃人的恶魔。那时，距离达尔文完成他那著名的《进化论》还差整整1个世纪，地理学与生物学知识少得可怜，所以，不但山地居民相信神与鬼的传说，连一些有名气的西方学者也相信，在高山的顶上有着神秘的、威力无比的恶龙。比如，在休希杰尔所作的《阿尔卑斯自然史》一书中，就不但有关于龙的记载，还有关于恶龙活灵活现的插图。

索修尔当然不相信所谓恶魔或者恶龙的传说。他只对山情有独钟，他不仅热爱山，还对山有较深的研究。他认为，撇开多少世纪来人们的迷信观念不论，前辈或同辈探险者们关于恶龙的描绘，很可能是主观上的错觉，或许，他们只是在远处看到了一条弯曲的冰川。

索修尔对阿尔卑斯山和对勃朗峰很有兴趣。他最初的设想是在峰顶上建一座科学研究所，然而不管他怎样费尽口舌说服当地人帮助他登上峰顶，还是无法寻求到一个支持者。

索修尔并没有因此放弃自己的计划，相反，他对勃朗峰更加着迷，想要征服勃朗峰的愿望也越来越强烈。他在自己的著作中这样写道："从每个角度看来，它（勃朗峰）总是呈圆形的姿态，望着山顶，心中充满了爬上去的欲望。"尽管当时还没有"登山家"这个名称，但事实上，在年轻的科学家索修尔胸中奔涌跌宕的，已经是一个名副其实的登山家的血液了。

由于找不到一个向导，不管索修尔怎样努力，依旧无法找到上山的途径。

索修尔只得继续他对阿尔卑斯山的研究工作。但是，他的内心却一直涌动着攀登勃朗峰的巨大冲动。正在这走投无路的时候，索修尔脑海里忽然出现了一条妙计："重赏之下，必有勇夫。"用重金悬赏一定能找到知道攀登途径的人。

1760 年 5 月，索修尔在夏摩尼村口贴了一张告示："谁要是能登上勃朗峰，或找到登顶的道路，将以重金奖赏。"赏金自然是起作用的，在以后的整整 15 年中，许多敢于豁出命来换取富裕生活的人不断汇聚到索修尔的身旁。他们当中，有毫无登山经验的生手，也不乏如羚羊般灵活的登山行家。但是，不管是生手或者行家，在登勃朗峰的冒险中，全都无一例外地遭到了失败，而且，谁也没有找到失败的原因。

当时，即使是一些爬山行家，也并不真正掌握登山的技术，并不知道勘察周围地形等事先准备工作的重要性。他们仅了解大山较低处的地理环境，而雪线以上的那部分山峰，对他们来讲，完全是一个陌生的世界。所以，当那些为赏金而来的健壮伙计们一个又一个灰溜溜地离去的时候，他们都只是怪自己的运气不好。

日月如梭，一晃，整整 26 年过去了，索修尔心急如焚，而勃朗峰依旧如故，在阳光下熠熠生辉。

勃朗峰，看似温柔平静，但它具有典型的山峰性格：神秘，任性，反复无常，有时甚至非常暴虐！柔和的线条与纯洁的色彩，并不能证明它就具有淑女般的柔顺。这里的雪线以上到处是厚厚的冰壁，在巨大的锯齿形冰川那冻结的冰面上，布满了噬人的裂缝。许多裂缝还覆盖着薄薄的一层雪作伪装，人们若想通过冰川，每一步都有跌入裂缝的危险。还有可怕的雪崩，随时都会发生的可怕的雪崩，会让成百上千吨重的雪块与冰块以雷霆万钧之势倾泻下来，可以在瞬间掩埋掉整个一侧山腰。最厉害的恐怕还要数断崖冰崩，大块的如一面极高极大的墙壁般的冰墙四散崩裂，似乎可以震倒整座山峰。从勃朗峰恶劣的自然环境这个角度来看，说上有恶魔其实并不算过分。

但是，也正因为勃朗峰是如此的残忍、如此的恐怖，才会有令人无法抗拒的魅力。1786 年，索修尔的赏金终于为勃朗峰招来了两位真正的挑战者，他们是密舍尔·加布利

勃朗峰

耶·巴卡罗和加库·巴尔马特。这一次挑战勃朗峰，是登山历史上第一次成功的登顶，为以后200多年的登山运动提供了一个成功的先例。

首次登上勃朗峰

在索修尔的那个时代，除了索修尔之外，还有一个人也一直对高耸入云的勃朗峰入迷，他就是年轻的法国医生密舍尔·加布利耶·巴卡罗。

巴卡罗深情地将勃朗峰称为"我的山"，他相信已经有了几千年文明史的人类，一定能有战胜勃朗峰的伟大力量，他发誓一定要登上勃朗峰顶。尽管在攀登中已经历了无数次失败，但他的信心从未因此而动摇过。

巴卡罗攀登勃朗峰的目的并不仅仅为了索修尔的奖金，他更看重的是国家的荣誉和自己的事业。他认为第一个征服勃朗峰的人应该是他——法国人巴卡罗。

巴卡罗毅然揭下索修尔的告示，准备向勃朗峰进发。与巴卡罗同行的，是一位在阿尔卑斯山区采掘水晶石的年轻挖矿人，他的名字叫加库·巴尔马特。巴尔马特热情、开朗，尽管有爱吹牛的毛病，但谈吐非常幽默、诙谐。最重要的是，巴尔马特体格健壮得像头公牛，动作又灵活得如同一只猴子。巴尔马特还是个不畏艰难喜欢冒险的人，在勃朗峰斜面的这一带，他的登山技术堪称一流。这一次，巴尔马特因索修尔的重赏的刺激，自愿为巴卡罗做向导。

巴尔马特的加入使巴卡罗高兴万分。有了如此强壮的同伴，他觉得自己因此又增加了几分成功的把握。

1786年8月6日，巴卡罗与巴尔马特离开营地踏上了艰难旅程。穿过树林与灌木丛，他们看到了山腰处那些大大小小的裸露的岩石。此处虽然不能让他俩觉得如履平地，但也并不能使他们感到有多么困难。黄昏时分，他们到达一个岩顶。他们明白，再往上走，就会尝到勃朗峰的厉害了，因为过了眼前这个长长的山脊，就将进入有无数吃人裂缝的冰原。

血红的残阳在他们的脚下慢慢地落下，天空中，只剩下几片斑斓的彩霞。没多久，霞光退去，天地一下子暗淡下来。从山后面回旋过来的风让他们感到了阵阵寒意，疲劳和饥饿，使他们感觉四肢发软，一点继续前进的力气也没了。两人商量了一下，决定在山脊的一块岩石上露营。他们点上一堆火，饱饱地吃了一顿。经验告诉他俩，今天晚上必须吃好休息好，以便积聚起足够的体力，来应付明天更大的困难。

篝火熊熊，火光映照着星光，在火堆的一旁，两位登山家蜷伏着，却无法入睡。在他们的身边，搁着两根前端削尖的树干——登山杖，在当时，这是他们最重要的登山工具了。

第二天清晨一大早，巴卡罗与巴尔马特先后从长岩棱上站立起来。匆匆整理行装之后，两人开始了新的攀登。这时，太阳尚未升上山顶，在晨光的映照下，雪峰与冰原放射出诱人的光彩。

美丽的冰原寒气逼人。他们用登山杖敲打着前面的冰层，等到确定了没有暗沟时才小心地跨过脚去。即使如此，他们还是常常跌倒，有时甚至还差点落进冰窟窿里去。

不久，巴卡罗与巴尔马特被无数条纵横交错的大裂缝挡住了去路，以前那些为赏钱而来的人们，有许多就是在这里知难而退的。然而，巴卡罗和巴尔马特对此早有准备。他们将两根登山杖横架在大裂缝上，搭成一座"桥"。然后，一人先用劲抓住这座"桥"，另一人卧在"桥"上慢慢地爬过去。

冰原地带严寒刺骨，他们的双手早已被冻得麻木了。坚硬的千年冰原滑得胜过玻璃，要固定"桥"实在不容易，而"桥"下面则是深不见底的坑洞。巴卡罗和巴尔马特尽管具有超人的胆量，但卧在这样时时滑动的"桥"上，仍不免有些战战兢兢。他们明白，如果稍有闪失，或者正巧刮来一阵大风，他们就会葬身于无底的深渊。然而，巨大的信念在支持着他们，使他们克服胆怯，让他们刚刚脱险又立即去冒第二次险。他们一次次爬行在这样的"桥"上，居然穿越了冰原。

穿越冰原的成功使他们信心倍增。他俩不顾疲劳，一鼓作气突破了一个叫做古朗米的山脊，来到两个被积雪覆盖的台地跟前。

在进入台地的时候，巴卡罗与巴尔马特万万没有想到会遇到如此大的麻烦：积雪一直深埋到他们的腰部，整个下半身的血液似乎凝结住了，两条腿麻木得不听指挥。随后，他们就感到一股要命的寒气从脚下袭来。这样下去是不行的，巴卡罗与巴尔马特凭着惊人的毅力，指挥着半僵的身体一寸一寸地向前移动。终于，他们挣脱出了这片积雪的台地。

摆脱险境后，他们拼命活动身体，慢慢地感觉到下半身又有了知觉。可是后面的路程更加艰难，他们又遇到了勃朗峰的最后一道屏障——两块名叫罗西艾·鲁久的巨岩。两块巨岩互相交叉，形成斜角很陡的冰面，挡住了通往山顶的路。

他们攀上滑下，再攀上又滑下，足足折腾了3个小时。傍晚18时30分，精疲力竭的巴卡罗与巴尔马特终于征服了这两块巨岩，把整个勃朗峰踏在了脚底下。勃朗峰第一次成为有人的世界。

勃朗峰

1个小时以后，巴卡罗和巴尔马特开始下山。当时，正值满月时分，他们借着月光，一直走到第二天清晨才抵达蒙他纽·多·拉·寇多山脊。他们在山脊上歇了一会儿，便立即赶往夏摩尼。在那里，他们受到索修尔的热情欢迎，并且领到了奖金。

索修尔对巴卡罗与巴尔马特的成功感到由衷的高兴，同时，也更坚定了他亲自去征服勃朗峰的决心。

不和谐的插曲

首次成功攀登勃朗峰，跟向导巴尔马特的非凡表现是分不开的。但是，巴尔马特在领到奖金以后，又犯了爱吹牛的毛病。他在各种场合四处宣扬自己的英勇经历，并在人前竭力贬低巴卡罗，他说："没有我，巴卡罗根本就不可能爬上去。从出发时开始，我就一直做开路先锋，巴卡罗是在我的支持下，才勉强爬上峰顶的。"在巴尔马特所描述的登山旅程中，巴卡罗几乎是由他抱上勃朗峰的。

由于当地的人们都知道巴尔马特爱吹牛的特点，所以听过之后哄笑一阵也就算了，真正相信他的话的人并不多。

然而，有一个叫马鲁库·波里的人恰恰在这时候掺和了进来。马鲁库·

波里是一名新闻记者，他不但不证实巴尔马特的话缺乏真实依据，反而跟着巴尔马特一起对那次登山经历进行歪曲。

马鲁库·波里这样干有他自己的目的。原来，马鲁库·波里本人也一直想征服勃朗峰，然而，几次尝试统统失败了。正当他懊丧万分的时候，听到了巴卡罗和巴尔马特胜利的消息，这消息让这位小心眼的记者先生又羡慕又妒忌。马鲁库·波里觉得，与其宣传法国佬巴卡罗，还不如宣传向导巴尔马特，因为巴尔马特再荣耀，也不过是一个山村野汉而已。于是，马鲁库·波里写了这样的报道："他们两人的勃朗峰之行，从头至尾，我都以望远镜来观看，的确每一次都是巴尔马特先生走在前头。"马鲁库·波里利用自己的宣传给人们造成了这样一个印象：只要找到一个像巴尔马特这样精于登山的当地向导，随便哪个绅士都是有可能登上勃朗峰的。

巴尔马特的吹嘘加上马鲁库·波里的报道作为旁证，使得巴卡罗有口难辩，人们也因此认定巴尔马特才是真正的英雄，而巴卡罗对那次开创历史的壮举没起什么作用。在夏摩尼的中心，人们只为索修尔和巴尔马特塑了铜像。

就这样，整整100年过去了，巴卡罗早已被人遗忘。直到有一天，人们偶然发现已故老男爵普翁·坦斯多鲁夫的日记时，巴尔马特与马鲁库·波里的谎言才被戳穿。

原来，在巴卡罗与巴尔马特初登勃朗峰的时候，真的有一个人一直在用望远镜观测并在笔记本上描绘下了攀登者身影，这个人就是这位坦斯多鲁夫男爵。

可怜的巴卡罗，在被世界遗忘了100年之后才重新被公认为英雄。同样也作出非凡业绩的巴尔马特，由于用弥天大谎欺骗了世界，从此受到后世人们的指责。

影响深远的索修尔组团登顶

在1786～1787年的一年时间里，有关巴卡罗与巴尔马特第一次登顶勃朗峰的争论愈演愈烈。与此同时，索修尔也在一直有条不紊地做着准备工作，他要亲自再上勃朗峰。

尽管洁白的勃朗峰让索修尔尝尽了失败的苦头，但这位勇敢的科学家从没有灰心丧气。虽然这时候的索修尔已有 47 岁，不那么年轻了，但青年时代萌发的站立于勃朗峰顶俯视整个阿尔卑斯、俯视整个欧洲的梦想，并没有因时光的流逝而放弃或改变过。巴卡罗和巴尔马特的成功，更加坚定了索修尔的信念，他发誓，这一次一定要登上顶峰。

巴卡罗与巴尔马特为索修尔提供了许多登山经验，根据这些经验，索修尔知道携带一根一人多长的登山杖是必不可少的。除此以外，为了防止踩在冰川上脚底打滑，索修尔还亲自设计、特制了一种鞋。这种鞋的鞋底上密密地安上了 3 排尖利的鞋钉，可以防止人在雪地和冰面上滑倒。这或许是欧洲最早的登山鞋了。

巴卡罗与巴尔马特的成功登顶不仅给索修尔提供了大量的经验，令索修尔没料到的是，大量的本地人因此改变了对山和登山的看法，有关恶魔与恶龙的神话被打破了。当索修尔再次招募登山随从的时候，竟有 18 名阿尔卑斯山民跑来报名，愿意充当向导。另外，还有更多的人表示愿意做他的随行人员。在这些人当中，有一个经验丰富的向导名叫卡曼。卡曼个子高大，被人们称作"巨人"。这位"巨人"是个为人诚实、性格坚强的人。

索修尔大喜过望，于是他成立了一支规模空前的登山探险队伍，并准备了一大批器材和物资，打算利用人数众多的优势，对勃朗峰顶进行尽可能细致的观测和研究。

1787 年 8 月 1 日，索修尔率领他那庞大的探险队，踏上了通往勃朗峰峰顶的征途。探险队的每个人都扛着沉重的物资，其中还包括不少的葡萄酒，那是准备登上峰顶庆祝时用的。

这是勃朗峰有史以来最为热闹的一天。人们坚定有力的脚步声，打破了勃朗峰往日的寂静。然而，勃朗峰依旧充满凶险，探险队所搬运的大批物资，更加大了冰面塌陷的可能。索修尔吩咐人们一定要小心，因为他知道，有的冰面甚至连承受一个人的重量都很困难。最难的是跨越裂缝，一个人过去就有些悬，更何况还要运送许多物资过去。

探险队小心翼翼地一点一点地向顶峰靠近。有许多次，面前的险阻几乎让人绝望，还有人提议要扔掉肩上的重负。然而，他们还是凭着顽强的意志闯过去了，他们成功了！不但全部人员登上峰顶，而且还把所有的物资搬到了峰顶。

登顶后欢庆的时候到了。人们兴奋极了，"砰！""砰！"地拔掉了葡萄酒瓶塞子，让甘美的酒液冲去一路的疲劳和艰辛。

站在勃朗峰顶，索修尔回味 27 年来的追求与梦想，不由得百感交集，热泪盈眶。在随后的 4 个小时里，索修尔指挥同伴们架起仪器，进行气压、风速、温度等各项测量和试验。要试验的项目实在太多了，大家干着干着，时间久了都感到呼吸有些困难，因为峰顶上空气太稀薄了。最后，他们不得不带着未完成的遗憾撤退下山。

同年年底，索修尔又组织了一支更庞大的登山队伍，登上了阿尔卑斯山的另一座山峰——海拔 3340 米的冠鲁·提·杰昂峰。他们在峰顶待了 2 个星期，终于完成了在勃朗峰上未能完成的所有实验。

索修尔的勃朗峰之行震动了整个欧洲，许多国家的书籍中都对他的登山活动有详细的记载。由于索修尔的成功，他对冰川与山的描绘也成为日后山岳调查的依据。从此，全欧洲许多喜爱冒险的人纷纷向阿尔卑斯山进发，攀登阿尔卑斯山的黄金时代到来了。

雪 崩

积雪的山坡上，当积雪内部的内聚力抗拒不了它所受到的重力拉引时，便向下滑动，引起大量雪体崩塌，人们把这种自然现象称作雪崩，也有的地方把它叫做"雪塌方"、"雪流沙"或"推山雪"。

雪崩是一种所有雪山都会有的地表冰雪迁移过程，它们不停地从山体高处借重力作用顺山坡向山下崩塌，崩塌时速度可以达 20—30 米/秒，随着雪体的不断下降，速度也会快速增大，一般 12 级的风速度为 20 米/秒，而雪崩将达到 97 米/秒，速度可谓极大。具有突然性、运动速度快、破坏力大等特点。它能摧毁大片森林，掩埋房舍、交通线路，甚至能堵截河流，发生临时性的涨水。同时，它还能引起山体滑坡和泥石流等可怕的自然现象。因此，雪崩被人们列为积雪山区的一种严重自然灾害。

阿尔卑斯山的黄金时代

掀起登山热潮

人们通常以"阿尔卑斯"这个名称来涵盖这欧洲腹地的整座大山,而实际上,它是由好多个山脉支系组成的。索修尔当初悬赏攀登并且最后又亲自去进行冒险的勃朗峰,是彭宁阿尔卑斯山的一座山峰。在彭宁阿尔卑斯山上,还坐落有马特宏峰(海拔4478米)、威斯荷伦峰(海拔4505米)、杜富尔峰(海拔4638米)等著名山峰。在彭宁阿尔卑斯山的北边与西边,还有培鲁尼兹阿尔卑斯山、雷朋登阿尔卑斯山、格拉鲁斯阿尔卑斯山等。

瑞士少女峰

在索修尔的影响下,登山活动渐渐成了当时欧洲的一项时尚。

1811年,瑞士境内的少女峰(海拔4166米)被一名叫龙汉美亚的富商所征服。

1829年,两位瑞士向导在培鲁尼兹阿尔卑斯山的最高峰芬斯特荷伦峰(海拔4274米)首次登顶。

德国科学家爱多瓦鲁多·提索鲁登上了罗连荷伦峰(海拔3690米)。

苏格兰的斯坦普佛·朗佛鲁蒙则第一个爬上了米特鲁普伦峰(海拔3708米)。

阿尔卑斯山脉迎来了攀登的"黄金时代"。

登山的惊险和刺激,不仅吸引着男子汉们的目光,甚至连女性也开始为之向往。1838年,法国的一位侯爵夫人安娜多·坦裘比露不满足于阅读报上有关登山的惊险描写,便动身来到阿尔卑斯山间,居然成功地登上了勃朗峰。几年以后,这里又出现了一位著名的女登山家,人们称她为"金发的欧布里夫人"。她不但登上了勃朗峰顶，而且还在一天当中来回 2 次。只因为她在归途中把裙子遗忘在山顶了，而当时的高级旅社是不接待长裤外面不罩裙子的妇女的，她只好返回山顶去取裙子。

登山的热潮不仅席卷了阿尔卑斯山所伸展到的国家，也开始影响一些没有高山的国家里的人们，譬如英国人。

登山在英国成时尚

在 19 世纪的上半叶，有一名叫詹姆斯·大卫·弗比斯的苏格兰科学家活跃在欧洲腹地的登山界中。1841 年，他成功地登上少女峰，接着，又于 1842 年征服了休多荷伦峰。弗比斯每登一座山，都要携带许多诸如气压计、温度计、偏光器、湿度计、测高计、经线仪这样的科研器材，用以测量地势与气象。他的这些研究不仅对科学的发展有很大贡献，而且也加深了人们对山的了解。

当时的英国，正处于维多利亚女王执政的时代，浪漫主义的文学与绘画对人们影响很大，这其中就有许多描写山的作品。浪漫抒情的描写，使得当时的人们常常处于对山的神往和遐思之中。

英国人阿鲁巴多·史密斯还在少年时代的时候，就看了《夏摩尼的农夫们》一书，还是孩童的他从那时起就开始对遥远的勃朗峰萌生出无限向往。后来他有幸去了法国，当他亲眼见到勃朗峰之后，激动得热血沸腾。史密斯觉得：如果能参加一支登山队，即便是让他当搬运工人，也是他人生中的一大幸事。几经周折，史密斯来到了夏摩尼。由于当时他孤身一人，无法作登山之行，只好抱憾而归。但是，他并没有就此打消登勃朗峰的念头。10 多年以后，史密斯重游夏摩尼，同行人中还有一位富有的英国绅士。这位年轻的绅士原计划只是去度假旅游的，当他与史密斯交往之后，也对勃朗峰发生了兴趣，于是决定和史密斯一同去征服勃朗峰。年轻的绅士还慷慨许诺，在登山的日子里，由他给史密斯一份薪水。

尽管当时的勃朗峰已经被许多人征服过，但对于英国人来说，这还是第一次。为此，史密斯与年轻的绅士都为这次行动激动不已。当然，他们也知道，勃朗峰依旧潜伏着危险，1820 年的一场大雪崩，就使 3 名优秀的登山家葬身。所以，史密斯对天气特别留心，坚持要等天晴再出发。

年轻的绅士出手阔绰，竟然一下子雇用了36名向导和搬运工。但是史密斯和那位绅士对登山却完全外行，甚至在出发以后，他俩对登山绳的结法都还不熟练。幸运的是，启程后一直是好天气，加上有许多经验丰富的向导和搬运工，使他们得以安全通过很多危险地段，顺利地登上了顶峰。

史密斯回到英国后，急切地想把登上勃朗峰的喜悦告诉自己的同胞。他在伦敦的比卡提里街旁，利用公共集会场所向公众作题为"登勃朗峰"的演讲，并且绘制了一张很大的图片，把登山途中发生的大小事情和危险、恐怖的场面都一一详细地描绘在图上。他还向大家介绍了法国人、瑞士人对于登山运动的那种狂热。史密斯的演讲，极大地提高了英国人对登山的兴趣。

给英国人加入登山热潮以更直接、更强烈推动力的是阿尔弗雷德·威尔斯爵士。在此之前的登山，不外乎是为科学、冒险或者是一些浪漫的目的和感受，而威尔斯爵士则用生动的文笔，将这些情绪的变化及主观的体验活生生地写出来。因此，在他成功地登上维特荷伦峰之后，回到英国受到了人们英雄式的欢迎。

从现在来看，要攀登海拔3703米的维特荷伦峰并无多大的困难，但是，当时的威尔斯爵士的书中却有着从山脚到山顶一环套一环的扣人心弦的紧张刺激的经历。他在书中这样写道："……即将到达山脊顶部，最后一步将踏未踏时……左肩稍微碰触了冰壁的龟裂口。右方适才踏过的冰河，不见尽头地直延下方，我踏上这最后一步，就这一步，终于使我踏上了维特荷伦的顶端。也就是在那一刹那，山顶的景观整个地呈现在我眼前，一种笔墨所无法形容的感觉，'突'地袭上心头，我忘了自己的处境，我的心神均为之抖动不止。造物主所创造的瑰丽奇景，深深地打动了我的心，我无法抑制自己的冲动。我的身子仿佛不在地上，也不在天上，飘飘的，我在羽化登仙的境界里……"

威尔斯这本题为《遥远的阿尔卑斯山高地》的书，触动了许许多多维多利亚时代年轻人的心，获得了前所未有的好评。书中所宣示的是一种无畏的牺牲，是自我的最高锻炼，但并非是以生命与危险开玩笑。这需要无比的勇气，也会让人得到至高无上的荣誉和满足。

威尔斯的书出版以后，英国参加登山的人一时大增。他们纷纷涌向法国，涌向瑞士，涌向阿尔卑斯山。后来居上的英伦三岛，其人民对登山热潮的响应一时成为一种社会性的时髦，参加登山运动，不断创造新纪录，被看做是一种男人们获得荣誉的手段。

世界第一个登山组织——英国山岳协会

阿尔弗雷德·威尔斯爵士的书风靡了全英国，激起了英国人狂热的登山热情。在当时欧洲登山家中，英国人占据了极大的比例。1854～1865年，这短短的10年里，西欧所有的山峰，尤其是属于阿尔卑斯山的群峰，已几乎都被人征服过了。再想寻找一座处女峰，已不是一件容易办到的事。

这些登山活动，都是登山家们自发的活动，并没有人在幕后策划和指挥。他们在登山的过程中，领略了刺激和惊险，感受到与自然抗衡的巨大满足。

来自英国的登山家们，在攀登活动中表现出了超人的勇气和出众的决断力。他们对登山的热情，令国内外人们赞叹不已。登山活动已成为英国人的一项重要运动，甚至成为许多登山家的人生目的。

英国登山家们不断尝试攀登难度更大的山，登山技术也日益提高。他们不但有了独特的登山方式、专门用语和联络方式等，而且非常注重装备的更新。这些特色使得登山运动在英国渐渐变成了竞技体育的内容，从而使登山变得更刺激、更具有竞争性。这些英国式的东西逐步推广到了别国以后，为世界登山界所普遍采用。

到了1857年，英国伦敦已成为一个登山家会聚的中心。于是，这一年，登山家们在伦敦会聚到一起，成立了世界上第一个登山组织——山岳协会。

成立山岳协会的初衷原是为了联络同行，使登山家们能相互交流登山经验和心得体会。人们没有料到的是，山岳协会很快得到了全社会的承认，成为有广泛群众基础的一个社会团体。山岳协会在处理各种具体登山事务，解决纠纷，保持纪录，尝试新的登山用具，承认和确立新的登山成绩，规划新的登山线路，提供登山气象服务等方面发挥出越来越大的职能，实际上已经确立了它在登山界的组织领导地位。山岳协会还定期出版登山杂志，刊登登山的消息，发表登山家的登山经验和体会。

英国山岳协会成立5年后，1862年，奥地利登山家们也成立了一个与山岳协会性质相同的俱乐部。1863年，索修尔的祖国瑞士也成立了山岳协会。以后，各国的山岳协会纷纷创办起来，登山从此成为一项有组织的人类竞技活动。

登山者们纷纷加入山岳协会。他们志同道合，互相激励，互相促进，创造出越来越多的好成绩。因此，在这一时期产生了许多著名的登山家，其中成绩最为突出的是英国登山家弗朗西斯·霍兹可斯·泰德兹。泰德兹既是登山家，又是教友派的业余科学家。在 1856—1874 年的 18 年间，他一共攀登上 160 座高峰，涉足的山有 370 座。此外，还有约翰·廷德尔，他在 1861 年竟独自一人登上了海拔 4505 米的威斯荷伦峰和海拔 4638 米的杜富尔峰。

值得一提的还有雷斯里·史蒂芬爵士。史蒂芬是个典型的英国多面手，他既是哲学家、科学家、作家，又是一位杰出的登山家。他一生征服的众多山峰中，有著名的几纳鲁罗荷伦峰、休雷克荷伦峰、比奇荷伦峰和蒙马雷峰等，他所著的《漫游欧洲》一书不但在当时的登山界产生巨大影响，而且至今依然受到读者的欢迎。史蒂芬爵士是英国山岳协会的发起人与创办者之一。他的社会地位与学者身份，使他成为英国登山家中的杰出代表。

世界登山联合会

世界登山联合会（UIAA），成立于 1932 年，有 60 多个国家的 80 个协会会员。其总部 1997 年 3 月设在瑞士。该协会将世界的专家集中在一起，研究和帮助登山者在登山方面遇到的各种问题。世界登山联合会每年召开一次协会代表参加的会议，讨论国际登山的重要事宜，每两年召开一次更大规模的会议来检查各委员会的进展，并为登山运动制定发展战略。世界登山联合会的经费主要来自于各协会会员，但主要工作依靠协会会员的无偿工作。

世界登山联合会的组织宗旨为：以国际友谊和紧密合作的精神来普及和鼓励登山、体育攀登和探索登山运动；通过以环境意识和保护之探险精神及对大自然的热爱，建立世界登联各成员之间的友谊、友好和理解；用登山、体育攀登和其他相关的户外活动的艺术来教育其成员。

马特宏峰惨剧

海拔 4478 米的马特宏峰坐落在瑞士与意大利交界处的彭宁阿尔卑斯山。尽管它不是阿尔卑斯山的最高峰，但那陡峭的山面和山顶上伸出的锋利的山脊线，却给人以比勃朗峰更不易亲近的印象。在 19 世纪中叶，整个阿尔卑斯山脉中未被攀登过的处女峰已所剩无几。马特宏峰离登山家会聚的杰鲁马多村不远，自然而然地引起众多冒险者的注意。

马特宏峰

1865 年的夏季，英国和意大利的两支登山队为争夺初登顶峰的荣誉，在马特宏峰展开了异常激烈的竞争。两批登山人员在同一天里成功地到达了顶峰，但是，归途时却发生了震惊世界的惨剧。此事在登山界引起强烈反响，它甚至造成阿尔卑斯登山黄金时代的一度中断。

患难与共的好友

1863 年的夏天，爱德华·温巴与詹安东尼·卡烈尔曾经共同攀登马特宏峰。那次努力不但没有成功，而且他们在半山腰上还度过了一个恐怖的日子，险些丧命。

出发之初，温巴与卡烈尔像小孩子一样蹦蹦跳跳地叫着喊着开始上山。他们顺利地到达第二营地，登上烟囱状的铁黑色岩沟。一路上，他们饱览了许多让人留恋的景色，很快雪线出现在他们的前面。就在这时，天气骤变，令人窒息的寒风不知从何处猛刮过来，温巴和卡烈尔不得不停止前进。

马特宏峰大发淫威，它在一个极小的瞬间里爆发出令人惊骇的力量，它要给这两位冒犯它的登山家以致命的打击……

莫名其妙的寒风过后，是一阵短暂的寂静。接着，更强烈的冷空气卷土重来。寒风从四面八方撕扯着温巴和卡烈尔，山顶、断崖、岩缝，到处都是狂风肆虐。温巴与卡烈尔发现，上山和下山的路都已让浓雾掩盖得看不见了。

强劲的风拖着长长的尖啸在四周盘旋。温巴和卡烈尔紧贴在岩壁上战栗着，身子一次又一次地在空中荡起。若不是一条登山索把他俩紧紧地连接在一起，他们早已先后落入万丈深渊了。这时候，可以说温巴与卡烈尔是轮流着背负同伴的生命的。

紧接着，暴雨跟着狂风铺天盖地地席卷过来，无数道闪电撞击在他们头顶突出的山梁上，又磕碰到了他们脚下的断崖，而他们连躲进岩缝的时间都没有。巨大的落石被雷声推动着，瀑布般地倾泻而下。温巴与卡烈尔互相提醒着，一次次避开了滚石的袭击。

"怎么办？"温巴问卡烈尔。

"想办法退到我们去年所建的基地去。"卡烈尔说，"天气变了，我们身上的东西又太多，如果继续攀登，不被滚石砸死，也要被冻死的！"

冒着暴风雨，他们一路躲闪着滚石，终于撤退到了为登顶而准备的基地。

马特宏峰

温巴与卡烈尔支起了帐篷。他们偎依在一起，蜷缩在这不堪一击的帐篷里，忧心忡忡地听着由雷声、雨声、风声与电光组合而成的交响曲。狂风和暴雨似乎随时都可能把他们连人带帐篷一起掀到山脚下面去……

关于这次历险，温巴在他的《阿尔卑斯山攀登记》一书中作过详细的描述。温巴一直认为，经过这一次的生死考验，他与卡烈尔之间已经有了一种默契，他们的友谊是牢不可破的。卡烈尔与温巴曾经定下一个契约：马特宏峰是我们的，让我们共同征服它！所以，当温巴准备再次攀登马特宏峰的时候，他没有忘记向卡烈尔发出邀请，这时的温巴已是一个有 4 年多登山经验的老登山家了。

为了祖国而竞争

在温巴 20 岁时，凭借祖传的版画绝技，他接手了为英国山岳协会主办的季刊《峰、岳、冰河》插图的工作。通过这项工作，他认识了伊格峰和蒙克山。而马特宏峰，则是他一生最为难忘的山。温巴认为，山的魅力，远远不止于它那雄伟的外表，更主要的是来自实际攀登中的乐趣。

温巴热爱马特宏峰，也正是在对马特宏峰的挑战中，开始了他的登山生涯。

马特宏峰具有刺破云天的恢宏气势，使得同时代的许多登山者望而生畏。当时的欧洲登山界盛传着"马特宏不可战胜"的神话，所以，温巴在发出邀请后，天天焦急地等待着卡烈尔的到来。他渴望这位朋友能像当初约定好的那样与自己并肩前进，共同成为首次打破"马特宏神话"的英雄。

然而，这一回卡烈尔却很不够朋友。他一方面接受了温巴的邀请，另一方面撇开温巴，着手组建了一支完全由他的意大利同胞参加的登山队。卡烈尔认为，祖国的荣誉胜于朋友的情谊，征服马特宏峰的巨大的荣誉，应该属于意大利，属于伟大的恺撒大帝的子孙们。

意大利登山界给了卡烈尔最为有力的支援。他们为卡烈尔配齐了最棒的登山队员，提供了全部崭新的登山装备。

卡烈尔的背约对温巴打击很大，因为卡烈尔比他更了解马特宏峰，意大利人成功的希望因此也比他大得多。

更使温巴懊恼的是，原先一直与温巴结伴的里克·美内，也因临时有事不能同行了。里克·美内是当时欧洲最著名的向导之一，少了他，温巴一下子又多了不少的困难。

转眼到了 7 月份，由卡烈尔率领的意大利登山队已经开始适应性训练，而温巴的登山队却尚未组成。眼看征服马特宏峰的荣耀要被意大利人抢去了，温巴却只能独自待在杰鲁马多村的木房子里，一边仰望白雪皑皑的山峰，一边一支接一支地抽他的英国雪茄。

从 1861 年到这一刻，温巴先后 7 次向马特宏峰冲击未果。而现在，意大利人唱着笑着，他们已经准备好美酒正等着到马特宏峰上去开欢庆会呢。马特宏，马特宏！温巴默默地呼唤着他钟情的山峰的名字，不由得心急如焚……

英国人抢选登顶

命运就是这样会捉弄人。就在温巴几乎陷入绝望的时刻，原来拒绝过温巴邀请的著名向导密舍尔·克罗兹又回到了他的身旁。与密舍尔·克罗兹同来的，还有著名向导陶克瓦鲁达父子、登山家查理士·哈得松和弗兰西斯·道格拉斯爵士，他们都是些赫赫有名的登山行家。

查理士·哈得松还向温巴推荐了一位19岁的年轻人，他的名字叫道格拉斯·哈德。年轻的哈德虽然从未参加过登山，但小伙子身体壮实，对攀登马特宏峰显得劲头十足。

温巴欣喜若狂，高兴得手舞足蹈：上帝啊，我几乎是在一天之内便有了这支第一流的登山队！

兴奋之余，温巴开始冷静地分析攀登马特宏峰的困难。他对哈得松说："谢谢你，哈得松，是你给我带来了希望，但哈德是个外行，他会给我们添麻烦的。"

"可他是个好小伙子。"哈得松说。

"只是这个好小伙子没有登过山。"

"对于接近顶峰部分的马特宏来说，大家都是第一次。温巴，老伙计，求你开恩给这小伙子一个建功立业的机会吧。他已经是个大人了，我求你了！"

温巴无法说服这位固执的同伴，只好耸耸肩同意哈德加入。让温巴万万没有想到是，他的这次让步竟导致了后来发生的可怕的事件。

此时，温巴关注更多的是登山的日程和路线以及意大利人的进展消息，他觉得所剩的时间已经不多了。如果说，在这以前，温巴是把登山当作自己不可缺少的生命活动的话，那么，到了现在，温巴则完全是准备为英国的荣誉而战了。

"来吧，卡烈尔！都来吧，强大的意大利人！你们将被英国勇士远远甩在后边，你们在马特宏上看到的将是我们的背影！"在杰鲁马多村，温巴面对马特宏峰的方向，挥舞起他肌肉饱绽的胳膊。

1865年7月13日清晨，这一天天气晴朗，风势也很和缓。

"13"，这在欧洲人心中是个不吉利的日子，但"大战"在即，无论是温巴还是卡烈尔都已顾不上这许多了。

两支登山队不约而同地选中了这个日子，而且几乎是同时出发的。温巴觉得这次的攀登气氛紧张得很不一般，简直就是一场战斗，一场英国人与意大利人争夺制高点的激烈战斗。

温巴的登山队马不停蹄地向前进发，而且进展得相当顺利。队员们个个精神饱满，他们一边攀登，一边还把想得起来的歌曲唱了个够。即使是在攀越绝壁的时候，7个人也都像羚羊一般地灵活，就连头一回登山的哈德也表现得挺不赖。当天晚上，温巴一行在900米高的山崖处宿营。

营地被浓厚的雾气包围着，凉风推动着白色的雾团飞快地流动，使这7位勇士仿佛置身于海的细浪之中。哈德、哈得松、小陶克瓦鲁达不由得放开嗓子唱起歌来，尔后，其他4个人也跟着高唱起来。英国歌曲与阿尔卑斯山区民歌交替在山崖上回荡，他们每个人都感到心中充满着幸福的激流。

雾团消散时，留着两撇神气八字胡的向导克罗兹缓缓地站起身来。"伙计们，"克罗兹说，"我去探探明天的路，听说东边的石梁很是麻烦，我先去看看。"

当克罗兹的身影消失在山岩后时，老陶克瓦鲁达用手指郑重地在胸前画了个十字，说道："上帝会保佑你的，克罗兹!"

2个小时之后，气喘吁吁地克罗兹回来了。他高兴地告诉众人说："从这里开始，一直到顶上，没有我们过不去的地方。"

大家听了，情绪更是高昂。

"那么，意大利人在哪里? 在我们的上边吗?"温巴关心地问道，他是决不会忘记卡烈尔的。

克罗兹摇摇头，说他连意大利人的影子都没见着。

温巴不知道卡烈尔带领的意大利登山队现在到了哪里，心里隐隐地担心。他让大家抓紧时机休息，明天必须比计划提前些出发。

第二天，东方刚刚发白，温巴和他的队员们就启程了。当他们翻过两处绝壁之后，太阳才一点一点地从脚下的谷底慢慢地升起。

几个小时之后，温巴和克罗兹已经到达了通向山顶的最后一个山梁。眼看就要把整座马特宏峰踏在脚底下了，温巴的心中仍然是喜忧参半。"卡烈尔这家伙，灵巧得像只亚平宁老山羊，他会不会已经抢先登上峰顶了呢?"温巴嘀咕道。

"不会的，绝不会的。愚蠢的意大利人犯了个错误，他们的装备太沉重了，就像蜗牛背着硬壳那样，怎么爬得动呢?"克罗兹嘴上安慰温巴，可心底里也不免有些疑虑。

温巴和克罗兹解开登山索，7个人在鹤嘴锄跟登山杖的支撑下，加快了向上的速度。

"加油啊，伙计们，这是最后的竞争了，可别让岩石后面突然冒出来的意大利人抢到前头!"克罗兹喊着。

"加油，使把劲呀! 哈德，小心你的脚底。我早说过，你的鞋不对劲，后跟上的铁皮太光滑了。"

"放心，克罗兹。你脚底下同样也是冰原呀。管住你自己吧，哈德这小伙子，能干着呢!"哈得松一边照顾着哈德，一边向上喊道。

他们又经过几十米的斜坡，终于踏上了马特宏的顶峰!

但是，温巴此时依然不放心，他让众人分头察看雪面，看看意大利人是否已经在雪地上留下了脚印。温巴自己也像只猎犬似的四处察着。突然，他眼睛的余光发现几百米以下的一条雪溪边，有一队很小很小的人影在晃动。"哇!"温巴激动得浑身颤抖，他高声叫喊起来："意大利人，意大利人还在下边!"

温巴随手抓起一把细石块扔向山下："喂，卡烈尔，老伙计，老山羊! 别忙乎了，我，你的对手爱德华·温巴早已经登顶了!"

"噢! 马特宏，马特宏，我们可真爱你啊!"温巴和同伴们欢呼着、跳跃着，一起把英国国旗牢牢地插在了山顶的雪地里。

乐极生悲

在最初的狂喜过去之后，温巴和他的登山队员们都感到了极度的疲倦。弗兰西斯·道格拉斯爵士说："我的身体现在就像一摊泥。"他们一个个歪下身子，倒在峰顶冰冷的岩面上。

山顶的空气稀薄，温巴觉得自己的呼吸十分的急促，但他想到4年来的愿望终于实现，特别是战胜了对手卡烈尔时，兴奋的心情依旧平静不下来。

他们在峰顶休息了近1个小时，还是不想站起身来。这时，被人们称作

"杰鲁马多狮子"的老陶克瓦鲁达慢慢地起身对大家说："这样不行，小伙子们，不能总趴在这里！该下山了，要不，我们就只能永远待在这里等上帝显灵了！"

大伙儿不情愿地哼哼答应着，陆续站起身来。草草地整理了行装，开始下山。下山的时候，克罗兹走在最前面，然后依次是哈德、哈得松、弗兰西斯·道格拉斯爵士、老陶克瓦鲁达、小陶克瓦鲁达，最后面的是温巴。他们把自己的腰部系在同一条登山索上。

渐渐的，一行人来到了一块突兀的巨岩上边。这块巨岩与地面几乎成90°直角，就像一面巨大的覆盖着冰雪的墙。克罗兹小心翼翼地向巨岩下探索着，同时，还负责照顾哈德。他在冰面上敲出一个个小坑来，给哈德做落脚点。

这时已经是下午3点时分，西斜的阳光照在冰雪上，反射出一片耀眼的光芒。突然，哈

马特宏峰

德脚下一滑，整个身子猛地凌空荡起。就在同时，克罗兹的身体也失去了平衡，离开了岩壁。紧跟着，哈得松与道格拉斯爵士感到腰间一紧，身体也悬到了空中。

四个人的分量通过登山索都勒在老陶克瓦鲁达的腰上，让这头"老狮子"感到自己快被切成两半了。他并没明白发生了什么事，只是本能地挺直了身体。幸运的是，老陶克瓦鲁达这时还没下岩，他的双脚仍站在巨岩的顶上。

小陶克瓦鲁达和温巴明白过来了，他们一起上前用力拉绳子，他们知道，现在这条绳子正承担着岩下4个人的生命。

可是，绳子却轻飘飘地，掂不出半点分量来——它已经断了。绳子在老陶克瓦鲁达与道格拉斯爵士之间维系了不到1秒钟，就绷断了……

山谷间回荡着克罗兹、哈德、哈得松、道格拉斯四人绝望的叫喊和一阵滚石下落的声音……几秒钟后，一切又归于宁静。

温巴与陶克瓦鲁达父子惊呆了。他们实在无法接受眼前的现实：他们的同伴，4个刚才还生龙活虎的同伴，这时已命赴黄泉了。太可怕了，真是太可怕了！

温巴等3人紧紧靠着岩壁，愣愣地听着那几百米的深谷里传来的声音，巨大的悲哀使他们在整整半个小时内都一动不动，仿佛置身于一个噩梦之中……

 **知识点**

海　拔

地理学意义上的海拔是指地面某个地点或者地理事物高出或者低于海平面的垂直距离，是海拔高度的简称。它与相对高度相对，计算海拔的参考基点是确认一个共同认可的海平面进行测算。这个海平面相当于标尺中的 0 刻度。因此，海拔高度又称之为绝对高度或者绝对高程。而相对高度是两点之间相比较产生的海拔高度之差。但海面潮起潮落，大浪小浪不停，可以说没有一刻风平浪静的时候，而且每月每日涨潮与落潮的海面高度也是有明显差别的。因此，人们就想到只能用一个确定的平均海水面来作为海拔的起算面。由于地球内部质量的不均一，地球表面各点的重力线方向并非都指向球心一点。这样就使处处和重力线方向相垂直的大地水准面，形成一个不规则的曲面。因而世界各国有各自确立的平均海平面，即大地水准面。

黄金时代的终结

马特宏峰惨剧震动了当时的世界，社会舆论纷纷对登山运动提出尖锐的批评与责难。英国维多利亚女王也下令进行调查，目的是看看能否寻找到法律的依据来禁止登山活动。然而，惨剧的本身却引起世人对登山的关注，有些人因此对登山运动更添兴趣。

这次悲惨的事件该由谁来负责呢？登山界和司法界都进行了细致的追查，但追究的结果却没有下文，只能不了了之。社会上传言四起，不少传言对老陶克瓦鲁达不利，有的说是老陶克瓦鲁达为了避免自己和儿子遭不测，用刀子切断了登山索。许多人因此都认为老陶克瓦鲁达是杀人犯，是他"杀死"了底下的4个人。但事实上，老陶克瓦鲁达是位很有经验的向导，他在面临这种突发事件时，绝不会割断绳子。况且，绷紧的绳子不可能在1秒钟之内被切断。

问题出在哈德身上。哈德是个新手，没有登山经验，他所穿的那双鞋则是个祸根。哈德的鞋子看起来薄薄的，鞋底上还钉有很滑的薄铁片。有经验的登山家指出，这双鞋根本不适合于登山。再看看那条断裂的登山索，它实在太细太旧了。与哈德的鞋一样，这条绳索也是个隐患，用它来作主要的登山索去承担几个人的体重，实在是太冒险了。

两位向导克罗兹和老陶克瓦鲁达的错误，是在下山前忽视了对装备的检验。当然，这也是作为领队的温巴的一个重大错误。

当时在英国，人们并没认为温巴有错，而把矛头指向老陶克瓦鲁达。舆论的压力，使得这头"杰鲁马多的狮子"很难再在欧洲的登山界干下去，他只得从此离开自己深深爱恋着的阿尔卑斯山。后来，老陶克瓦鲁达去了格林纳达和北美洲的阿拉斯加等地方，并在那里的寂静处度过了他的余生。

攀登阿尔卑斯山的黄金时代随着马特宏峰惨剧而落幕，但是，登山热的退潮，并不完全是因为那次震惊世界的山难，更主要原因是当时90%以上的阿尔卑斯山峰，已被攀登过了，处女峰所剩无几。"首登山顶"的机会越来越少，登山的刺激和荣耀也随之变小了。

以后的几十年里，各国的观光客接踵而来，阿尔卑斯山又形成了一种特殊的"休闲登山"热潮。这种"休闲登山"并不限于攀登困难的山峰，更多的是找容易攀爬的地方上去，看一看那些造就许多知名登山家的高峰。

在此同时，一直由英国人领导的登山界发生了变化。在瑞士、法国、德国、奥地利、意大利等国，许多优秀的登山家相继出现，使世界登山运动呈现出群雄并起的局面。

就在阿尔卑斯登山的黄金时代落幕后不久，远在大西洋彼岸的美国人掀起了自己的登山热潮。他们兴冲冲地来到欧洲。

在这些美国人中，知名度最高的是当时年龄只有14岁的少年威廉·克力基和他的伯母玛鲁克里多·普雷巴尔。他们由简单的徒步旅行开始，逐渐迈向正式的登山。几年以后，他们开始向凶险的高峰挑战。玛鲁克里多一直与克力基一起活跃于山间，她还是世界上第一位征服马特宏峰的女性。而克力基的一生中，至少攀登上 600 座以上的高峰。后来，克力基被英国山岳协会推选为名誉会员。这是一项殊荣，在英国登山界也是破例的事。

到了 19 世纪末，阿尔卑斯山一带许多登山英雄开辟的攀登路线，慢慢地变成普通路线了。马特宏惨剧渐渐为人们所遗忘，马特宏峰本身，也已经成为普通登山爱好者训练技能的地方。

对于一些想创造奇迹的登山家来说，那些旧的路线已无法再让他们满足了。于是，他们中有的开始去世界各地寻找更高的处女峰，有的则在被攀登过的山峰上开辟新的困难更大的路线。这样，登山本身的涵义大大地增加，可供征服的，已不仅仅是高度了。

开辟新路线登顶

人们往往有这样的一种观念：如果不是初次征服，那么，成功者的价值会大大减小。登山家们认为如果他们的业绩不能超过前人，就不能产生新鲜感和刺激性，就会感到极端不满足。

那么，是不是被征服过的山峰就不再有价值了呢？有部分登山家们为了解决这个问题，提出开拓新路线的观念。开拓新路线，就是增加登山过程中的难度，使攀登被征服过的山峰的活动重新获得刺激和魅力。事实上，开拓新路线的做法，使得登山运动有了更丰富的内涵。

1865 年，就在马特宏峰发生山难惨剧的当年，英国登山家穆尔开始尝试开发新的登山路线。

穆尔生于 1841 年，从 19 岁开始，他便经常攀登阿尔卑斯山。到了他 24 岁那一年，阿尔卑斯群峰几乎到处都留下了前辈登山家们的脚印。为了建功立业，穆尔毅然开始选择前人不敢走的攀登路线。

穆尔的第一个目标是勃朗峰，因为那里是登山运动开始的地方。他放弃了巴卡罗与索修尔开辟的旧路线，选择了从被人们称为天险的布连瓦那侧边的冰梁向上攀登。穆尔成功了，他顺利地登上了勃朗峰顶。

12 年以后，又有一位名叫丁·艾克尔斯的登山家超越了穆尔的成绩。艾克尔斯的路线选在更危险的勃朗峰南壁。他不但登上顶峰，而且在攀登过程中，还征服了著名的布里亚冰河与弗雷内冰河。

在"新路线派"登山家中，名气最大的要数英国人阿尔伯特·弗瑞德利克·姆马里了。在长期的登山活动中，姆马里以高超的技术和坚韧的毅力，不断开拓阿尔卑斯地区的新登山路线。其中最有影响的是：1879 年，他从兹姆多山脊攀上了马特宏峰，1881 年，他突破了危险的正北山脊，登上古雷朋山。他还是第一位不用向导的登山家。姆马里的登山风格，对阿尔卑斯黄金时代以后的登山运动产生了重大的影响。

"新路线派"的最大冒险是 1878 年的攀登古朗·多留山。当时，登山家克林顿·丹特令人咋舌地选择了一条极其危险的路线。经过先后 18 次的冲击，他终于征服了古朗·多留山那被视作"绝对禁区"的岩壁。

1870 年以前，尽管许多登山家们已具备了丰富而纯熟的登山经验，但在实际的攀登过程中，阿尔卑斯黄金时代的登山好手们，宁可多花时间去切开冰块，制造落脚点，也要避开有岩壁的路线，因为与其他路线相比，岩壁的危险要大得多。

阿尔卑斯山的黄金时代过去 10 年之后，随着登山用具的更新以及"新路线派"奠基者姆马里和丹特的影响，登山家们对登山运动有了全新的认识，也改变了对攀登岩壁的态度。

为了磨炼意志，提高登山技术，许多登山家到苏格兰、北威尔士、雷克等地去寻找新的目标。那些山峰的高度虽然不能与阿尔卑斯山相比，但是那些异常险峻的山峰却给登山家们提供了富于变化的登山路线。1870—1880 年的 10 年间，英国的登山家们经常在这些地方的危崖绝壁间活动。他们在训练攀登山梁、岩壁技巧时，创立了一套独特的结绳方法和各种平衡技术。这种攀岩运动很快风行于西欧各国。

登山包

登山鞋

经过10年的磨炼，许多登山者练就了一套过硬的本领，他们又开始向阿尔卑斯山区进军，而且一次又一次地征服了许多被前辈行家们认为"不可征服"的地段。

"新路线派"的登山家们的成就，既得益于10年的练兵，也离不开登山装备的改进。

在索修尔和巴卡罗、巴尔马特的时代，登山者使用的只是最简单、最原始的装备。那时的登山工具，只有用木棍削成的登山杖，还有索修尔发明的那种避免在冰上滑倒的铁制的登山鞋具。

在原有的登山工具中，首先被替换的是斧头与登山杖。这时登山者们已经开始使用现在还在用的登山镐了。登山镐是一段1米左右的木棒，一端呈尖状，另一端则是平头状的金属包头。在登山的时候，可以将登山镐插入岩缝或冰雪里，与登山索并用作为身体的支持点。登山镐与登山索配合使用，可以把人悬吊在危崖或裂缝里，大大减少了登山者坠落的可能性。

登山鞋冰爪

到了1900年，专家们又研制出许多新型的登山用具，其中用途最广的要算岩钉了。

岩钉长约15厘米，一端穿有小孔，另一端稍稍尖一些。使用时，可以将岩钉钉入岩壁的细小裂缝里，再用绳索穿过钉上的小孔，做成挂绳的支点。单独使用时，岩钉能作为登山者的立足点。另外，岩钉上还能悬挂被称作

"亚布米"的绳梯，这种绳梯可以打成圆形，也可以绑上三节横木，作为天梯使用。

登山者们在使用"亚布米"时，先把金属制的环扣挂在岩钉上，再将"亚布米"绳梯穿过环扣。利用岩钉、环扣，再加上一张可折叠的吊床，甚至可以让登山者吊卧在危耸的岩壁上睡觉呢。

岩　钉

当然，也会遇到连岩钉都无法打入的地方。在这种情形下，登山者们则使用"登山爪"和岩壁螺丝。"登山爪"是绑上绳索的铁刺爪，将它挂在岩壁的突出处，作为支点用。岩壁螺丝则起到固定岩钉的作用。

当尼龙和其他多种人造纤维发明之后，登山家们便有了轻便而牢固的登山索，抗风和保暖的帐篷，以及登山服、睡袋等。

登山者们从登山用具上得到的好处，随着社会的进步而变得越来越多。

登山爪

知识点

登山鞋

登山鞋是专门为爬山和旅行而设计制造的鞋子，非常适合户外运动。防水性是现代登山鞋的首要功能，登山鞋的防水透气性是一般运动鞋无法比拟的。

早期的登山鞋皆属皮革制品，随着制鞋技术的不断改进，轻便的徒步鞋与塑胶鞋已加入登山行列。登山鞋必须硬度能够抗拒岩石的刮磨，能将硬雪踢出台阶，徒步亦能相当舒服。理想的登山鞋开口须足够的空间，即使是潮湿或雪地亦能穿脱容易。脚趾与脚后跟需2～3层的皮革或织品保护。脚趾前端较硬，不会因穿着冰爪扣带而挤压或踢踏硬冰雪造成脚趾受伤。脚后跟比较硬增加行进期间脚的稳定度，雪期下坡才能踩出立足点。一般而言，轻便的鞋无法提供足够的平稳度以背负较重的背包，同时行走于困难地形更需要保护自己的脚踝、脚后跟与脚趾的支撑力。

征服阿尔卑斯山三大北壁

"新路线派"对登山技术的发展和登山工具的改革起到了极大的推动作用。但是，开始的时候，这些年轻的改革者也遭受过许多非议。姆马里、丹特以及他们的追随者，被当时正统的登山界权威人士讥为"岩壁上的表演师"。由于他们在岩壁上凿洞和使用岩钉，还被一些人指责为伤害了山体。

"新路线派"的登山者们没有理会这些流言蜚语，他们全心全意地干着自己喜欢的事情。到了1930年，在欧洲未被他们征服的，只剩著名的"阿尔卑斯山三大北壁"了。

"阿尔卑斯山三大北壁"指的是马特宏峰北壁、格兰多侏罗斯峰北壁和艾格峰北壁了。

马特宏峰北壁，绝对高度为1200米。它不光是一座直上直下的大岩塔，而且岩壁的质地也异常疏松。从1865年开始，它就成为"新路线派"登山者们向往的目标。然而，在整整的65年岁月里，它那桀骜不驯的本性，粉碎了所有人想通过它的企图。

马特宏峰北壁

1931 年夏天，出生在德国慕尼黑的弗朗茨·舒米特与他的弟弟托尼·舒米特来到马特宏北壁，他们下定决心要征服这座一直无人能征服的陡壁。他们从一条冰谷开始攀登，一次一次地躲开冰崩、雪崩、滚石的威胁，胜利地通过了这条路线的危险地段。夜幕降临了，他们把身体用登山绳和岩钉安全地绑扎在笔直的岩壁上，就在这距峰顶 310 米的山壁上，度过了一个寂静难熬的夜晚。第二天下午 4 时 10 分，舒米特兄弟终于登上了被视为最难攀登的绝壁之一的马特宏北壁。舒米特兄弟的英雄事迹轰动了欧洲，一夜之间，他们成了当时登山界两颗耀眼的明星。

舒米特兄弟攀登马特宏北壁的胜利，给在"阿尔卑斯三大北壁"面前屡受挫折的"新路线派"以极大的鼓舞，他们积聚力量，向更危耸、更不易攀登的格兰多侏罗斯北壁发起冲击。

格兰多侏罗斯北壁路线，总长度 1070 米，其中坡度在 85～90° 之间的路段就占总长的 1/3，在这些地段里还经常发生雪崩和滚石等险情。

1935 年夏天，舒米特兄弟的同乡马丁·麦亚与鲁道夫·贝达同心协力，征服了距攀登路线最近的一座山峰。3 年以后，著名的意大利登山家卡尔特·卡辛和同伴一起沿着北壁路线到达了最高的一座山峰。这样，在整个阿尔卑斯山域，只剩下被称为"狂人玩具"的艾格北壁没有被征服了。

艾格北壁位于培鲁尼兹阿尔卑斯山艾格峰北侧。艾格峰海拔高度为 3975 米，如果从其他的登山路线登顶，对大多数登山者来说并没有多少困难。然而，要从它的北壁攀登，许多人认为是绝不可能的。人们称那些敢于在艾格北壁攀登的登山者为"志愿自杀的狂人"。

艾格峰

艾格北壁，犹如一把钢刀直插山间。不管在哪个季节，它的上面都布满了坚硬光滑的冰，因而看上去又像一面映照天地的大玻璃镜。1938 年以前，艾格北壁曾满不在乎地吞噬过 8 位登山者的生命，所以，它以残暴闻名于世。

1936 年的时候，曾经有一支由 4 人组成的登山队来到了艾格北壁，他们是安德鲁斯·因达舒都撒、威利·安克拉、艾迪·莱纳和戴尼·库尔兹。他们都是"新路线派"经验丰富的攀岩者，这一回，他们决意要征服艾格北壁。

艾格北壁

攀登的头两天，天气很好，登山队进展得非常顺利。他们使用岩钉、环扣等工具来配合手脚的动作，小心地踩着每一个落脚点，慢慢地向上移动。他们的动作准确无误，完全达到原计划的要求。峰顶上不时地落下石头，但都被他们灵巧地躲过去了。为了保持体力，他们还把身体悬在空中稍作休息。

第三天早上，队员们已经完成了大部分的攀登，离顶点只剩 300 米左右了。大家并没有因两天两夜的攀登而感到疲倦，相反，他们个个精神抖擞。艾迪·莱纳与戴尼·库尔兹甚至还用叮当当的锤声来表示庆贺。

山麓下聚集了许多热情的人们，他们用望远镜观看着队员们整个攀登过程。人们时而惊叹，时而欢呼，到了关键时刻，大家几乎止住了呼吸，这时观众的心已与攀登者的心连在了一起……胜利就在眼前，所有的人都这么想。

恰恰就在这时，天气发生了突变。风雪狂吹，雪水成冰。不一会儿，每个队员的身上与整个岩壁一样，都被裹上了一层光滑的冰壳。他们感到自己的身体已像岩石一样僵硬，再待上一会儿，他们肯定会成为艾格北壁的一部分了。

实在不可能再向上攀登了，于是，他们 4 个人商量一番，决定慢慢地往下退。但是，已经晚了。这时的岩壁变得更加晶莹光滑，刚刚落过脚的岩钉也让冰给冻住，有的成为稍稍凸出的冰砣，有的则不见了踪影。他们的脚已无法向下伸展，因为再也找不到一个可以支撑的地方。大家待在原地，上下不得。

山麓下观望的人们，看到雨雪肆虐，又发觉他们4人停止一切动作，一动也不动，断定他们是陷入了困境。人们立刻组织起救援队，然而，大家心里都明白，在这种恶劣气候下，要到达他们附近是很困难的。

这时，有人提议救援队去一个叫做勇固弗洛铁道的山洞。勇固弗洛铁道山洞穿过艾格峰，通过它可以到达艾格峰的中途。救援队中有很多是登山的行家，他们很快通过山洞，来到4人所处岩壁下约100米处。

他们听到了一声类似呻吟的呼救声。

"快，快来救救我！他们都死了，都死啦！只剩下我一个……救、救命呀……"

那是23岁的戴尼·库尔兹。

莱纳已经冻死，他的身体成了艾格北壁的一部分。

因达舒都撒曾想动弹一下，结果手脚一滑坠入了万丈深渊。

安克拉则被因达舒都撒坠下时所牵引的绳子结结实实地捆住了胸部，无法呼吸，活活窒息而死。仅剩下来的幸存者库尔兹也已经被严重冻伤。他的身子在半空中晃荡着，以剩余下来的一点体力和求生的意志，作微弱的挣扎。

救护队人员冒着冰雪狂风试图接近库尔兹。不料，当到达距离库尔兹30米远的地方时，碰到了结着厚冰的岩面，不论他们怎么努力都无法前进了。

现在，惟一的办法是让库尔兹自己设法利用登山索荡下来。在救护队人员的指挥下，库尔兹艰难地掏出刀子，割断了登山索与同伴联系的部分，然后，又用绳子把岩钉和环扣结牢，做成一个绳套，套在自己的身上。就这一点事，被冻得半死的库尔兹竟然花了好几个小时才完成。当他终于能够向救援队所处的地方下降的时候，他那已变了形的脸上，满是痛苦不堪的表情。

风雪一直下到下午才渐渐停止。这时已近傍晚，天色渐渐暗淡下来。岩壁四周鸦雀无声，笼罩着死一般的寂静。人们只能听到，库尔兹被冰雪厚厚包裹着的登山鞋在"噗！噗！"地磕碰着岩壁。这声音在此时听来是那样的让人揪心。

不好，登山索上的绳结在晃动中缠住了环扣。库尔兹使出生命最后的力量，还是无法将它解开。

救援队队员们在下面大喊大叫，他们想用叫声使库尔兹振作起来……

然而，库尔兹在死神的手掌心里整整搏斗、挣扎了十几个小时，消耗的体力已经超出极限。他又苦撑着想最后动一下，但身体已不再受意念控制。他头一垂，从此进入了永恒的宁静。这位勇敢的年轻登山家，就这样把自己的生命献给了艾格北壁，献给了人类的登山事业。

2 年以后，一支由奥地利与德国联合组成的登山队来到艾格北壁，在队员弗里兹·卡斯巴雷克、海因利伊·荷拉、鲁多依喜·惠尔达、安德鲁斯·贝克迈尔的艰苦努力下，用了整整 4 天时间，终于从艾格北壁登顶。他们的惊人业绩，告慰了为之献身的登山英雄们。

艾格北壁第一次被人类征服了，但是，艾格北壁的凶险和狂暴依然如旧，所以，在奥地利、德国联合登山队取得创纪录的成功之后，它的魅力并没有消失。登山好手们纷纷而来，都想在这座被视为阿尔卑斯山最危险的岩壁上一显身手。

1966 年，美国的约翰·哈林与英国的多卡尔·哈斯顿结伴来到艾格北壁，他们要实现一个十分大胆的计划：从艾格北壁正面不避任何危险地直线攀登上去，创造新的攀岩记录。这两位艺高胆大的登山家有着一身过硬的攀岩绝技，他们都有多次征服阿尔卑斯山的经历，还先后征服过马特宏北壁。

开始攀登之前，约翰·哈林驾驶直升机在伊格峰周围进行了详细的侦察。经过反复讨论，哈林与哈斯顿才确定了他们的攀岩方案。

攀登开始了。起先一切顺利，但是当他们到达距离山顶还有 600 米的地方时，却发生了意想不到的事情：承担哈林身体重量的尼龙登山索突然绷断了！哈林还没来得及作出任何反应，他的身躯已被弹离岩壁，接着便坠入万丈深谷。年仅 30 岁的哈林就这样在一瞬间消失得无影无踪。

目睹这一切的哈斯顿惊呆了！同伴遭难使他悲痛万分，但是，他并没有心灰意冷。他稍作镇定，又开始继续攀登。

哈斯顿狠狠地在冰雪覆盖的岩壁上敲着岩钉，完全不顾飞溅的冰渣打在脸上的刺痛。他的脑子里只有一个想法：攀上去，攀上去，为了艾格北壁，为了哈林。

哈斯顿在继续攀登的途中，碰到了一支由普通路线上来的德国登山队。4 名德国的登山队员大声地向哈斯顿问候，并且热情地邀请他同行。于是，他们 5 个人同心协力地去对付最后的困难，终于把这条哈林赌上了性命的直登路线延伸到顶峰。

为了纪念约翰·哈林这位优秀的登山家，哈斯顿和德国登山队的队员们商定，将这条艾格北壁最中央的直上的路线起名为"哈林路线"。

"新路线派"的登山者在征服"三大北壁"特别是"艾格峰北壁"的辉煌成就中，显示出了惊人的勇气和实力，他们从此在登山界确立了自己的地位。"新路线派"的登山家们为登山运动提供了大量的登山经验，也促进登山观念和登山器械的改革。他们的业绩即使在今天看来，仍然是不同凡响的。

艾格北壁，至今仍是世上有名的难登的地点之一。

向喜马拉雅山脉进军
XIANG XIMALAYA SHANMAI JINJUN

在我们所处的世界上，再也无法找出能与喜马拉雅相匹敌的山系。这里，耸立着数千座能与安第斯山脉、帕米尔高原相比的山峰。喜马拉雅山脉绵延不断的山峰屹立在中国西藏、尼泊尔、不丹和印度北部的大部分地区。

"喜马拉雅"在梵文中的意思是"雪的故乡"。从东到西，它拥有长达2500千米的冰川与雪峰。陡峭山峰，万仞冰川，地面被深深切割，峡谷深不见底。从南到北，它包括四条并行的山带：外喜马拉雅山、小喜马拉雅山、大喜马拉雅山、泰迪斯喜马拉雅山，其中，大喜马拉雅山是山系的骨干部分，拥有9座海拔8000米以上的高峰。

数千年来，有着独特的山地文化传统的喜马拉雅山区居民们，一直对屹立在他们周围的巨峰抱有崇高的敬意。他们认为，巨峰那高不可攀的气势和隔绝人迹的险峻，其本身便是神圣不可侵犯的象征。他们相信，这里的每一座山上，都居住着神灵。

当探险家、登山爱好者来到喜马拉雅地区时，总会为这雄伟壮观而又肃穆庄重的伟大山系所感动，他们感到有一种神奇的力量在向他们召唤。

从20世纪50年代开始，出现了一个争向海拔8000米以上高峰进军的热潮，仅仅用了14年的时间，地球上14座8000米以上的高峰，便全部被人类所征服，这一时期因此被称为"喜马拉雅的黄金时代"。

■■■ "珠穆朗玛" 的由来

耸立于中国和尼泊尔交界处的喜马拉雅山主峰——珠穆朗玛峰,以海拔8844.43 米的高度当之无愧地成为世界第一峰。她峭拔冷艳,俨然如喜马拉雅山脉的一枝雪域奇葩;而关于她的神秘久远的传说,更使她蒙上一层传奇色彩,成为古往今来藏族同胞顶礼膜拜的神山。

珠穆朗玛峰

据说,在很早很早以前,珠穆朗玛峰附近还是一片无边的大海,而珠峰脚下是一片花草茂盛、蜂蝶成群的沃野。一天,突然来了一个五头恶魔,扬言要霸占这片水土丰饶的宝地,于是他大施淫威,把大海搅得浪涛翻滚,森林毁坏得面目全非,花木也都摧残得散落凋零。一时间,一块富饶肥沃的土地就变得满目疮痍,乌烟瘴气。正当这里的鸟兽走投无路、坐以待毙,草木呜咽、无计可施时,从东方飘来一朵五彩祥云,祥云变成五位仙女来到这里,她们施展其无边法力,降服了五头恶魔,顷刻,大海变得风平浪静,沃野重又生机勃勃;鸟兽欢腾,草木比以前更加苍翠。大家对这几位仙女万分感激,众仙女见大功已告成,正欲归返天庭,却无奈众生苦苦哀求,乞望她们永远留下来,降福于人间,和他们共享太平。众神女见大家的要求如此恳切,而且在这段时日里，也爱上了这里的众生和这片土地，于是欣然答应留下。她们喝令大海退去，使东边森林茂密，西边万顷良田，南边草肥林茂，北边牧场无垠。而后，五位仙女变成喜马拉雅山脉的五大高峰，永驻人间，其中最高的一座就是珠穆朗玛峰。

"珠穆"，藏语中是女神的意思，朗桑玛是女神的名字，而珠穆朗玛则是她的简称。

当然，这只是关于珠峰的一个美丽传说，有史料记载，最早发现并熟悉珠峰的是中国藏族同胞和尼泊尔人民。成书于 1346 年的藏文名著《红史》曾提到"次仁玛"，指的就是珠穆朗玛峰。1717 年，中国清朝廷派出测量人员在珠峰地区测绘地图，发现珠峰是世界最高的山峰。当时它被取名为"朱田朗玛阿林"，"阿林"在满语中是山的意思。同年，它被载入铜版印制的清朝《皇舆全览图》中。在《乾隆内府舆图》中，作者又将"朱田朗玛阿林"改名为"朱穆朗玛阿林"。从此，"珠穆朗玛"这个名称便固定下来，一直沿用至今。

正如近代人类总是试图征服地球南、北两极一样，珠穆朗玛峰这一无人世界，也以其神奇莫测的奥妙，始终是世界各地登山家、探险家和科学家心驰神往的圣地。

攀登珠穆朗玛峰只有在每年的 5 月份和 9 ～ 10 月份为宜。一是因为这期间 8000 ～ 9000 米高空的风速小于 20 米/秒；二是因为不降雪。尤其是 5 月份，这两个条件出现的概率最高。因而被认为是攀登珠峰的黄金季节。

攀登珠峰的路线有南北两条，一是从尼泊尔境内的南坡攀登，险阻相对较少；二是从中国境内的北坡攀登，北坡的自然条件比南坡复杂，气候也更恶劣，而且还有两个极难突破的艰险地带，即"北坳"和"第二台阶"。"北坳"在海拔 6670 米至 7007 米处，坡度陡峭，冰川向下滑行，冰裂缝纵横交错，雪崩、冰崩不时发生，被称为"连飞鸟也难以穿过的天险"。"第二台阶"是通往峰顶的最后一道天险，岩壁陡峭，坡度平均在 60° ～ 70°，顶部是一座 5 米高的壁立陡崖。即使能够攻克这处处艰险，登上顶端依旧凶多吉少。珠峰顶是一条西北—东南走向的鱼梁脊地带，长 10 余米，宽不过 1 米，脚踩峰脊，如履云端，环顾四周，云海连天。如若天气晴朗，倒可以饱览 360 千米以内的大地景色；一旦天公动怒，风雪交加，峰脊则难于立足。而且峰顶

珠穆朗玛峰南坡

常年最低气温在零下 30℃ ~零下 40℃，空气稀薄，含氧气量仅为东部平原区含量的 1/4。这条路线环境条件之险恶，令很多探险家也望"峰"兴叹。

尼泊尔

尼泊尔是内陆山国，位于喜马拉雅山南麓，北邻中国，其余三面都与印度接壤。尼泊尔国会于 2008 年 5 月 28 日宣布废除君主制，结束了 280 多年的沙阿王朝，成立尼泊尔联邦民主共和国，实现共和制，是世界上最年轻的共和国。

尼泊尔总面积 147181 平方千米，人口总数 2933 万（2009 年）。全国分 5 个发展区，14 个专区，36 个市，75 个县，3995 个村。居民 86.2% 信奉印度教，7.8% 信奉佛教，3.8% 信奉伊斯兰教，信奉其他宗教人口占 2.2%。

尼泊尔首都加德满都位于中部巴格玛蒂专区的加德满都河谷，1768 年起成为尼泊尔首都。加德满都四周青山环绕，常年鲜花盛开，被称为"春城"，还有"寺庙之都"的美誉。尼泊尔历代王朝在此兴建了大批庙宇、佛塔、神龛和殿堂，日久年长，形成了"寺庙多如住宅，佛像多如居民"的奇特景观。

英国人的闯入与发现

喜马拉雅山作为雪的故乡，有史以来一直是一个宁静的世界。然而，在1624年的一个早晨，这里却闯入了两个穿黑袍的白人。这是两个来自葡萄牙王国的传教士——安东尼奥·提·安多拉提神父和马纽艾鲁·马鲁克牧师。他们在十字军精神的激励下，在4个月前由印度北部出发，长途跋涉来到了克什米尔北部的拉达克，他们要在拉达克建立一座教堂。

西方人在雪的故乡的第一次涉猎，就这样在虚幻缥缈的"天国钟声"中开始了。1714年，又有一位名叫伊茨波力多·提西提的神父来到中国西藏的佛教圣地拉萨。

然而，传教士们的几代努力，也没能把上帝带给当地的居民，因为这里的人民有着自己的生存方式和信仰。真正把西方人大批引向喜马拉雅山区的，是英国的殖民主义政策和海外扩张要求。

在18世纪，当时已控制印度很大部分经济的东印度公司为了扩充势力，计划将印度的所有国境地带制成地图，于是，向喜马拉雅山区派出了探险队。这些探险队员们经过数十年的努力，考察了不丹、尼泊尔和中国西藏的许多地区，了解了喜马拉雅山一些地方的地形状况。1780年，英国的孟加拉测绘局局长杰姆茨·兰内尔上尉根据这些测绘报告，制作了第一幅印度—巴基斯坦地图。

几年以后，为了更加准确地了解印度的正确地理情形，英国殖民者着手进行一项更为庞大的勘察计划：将印度次大陆制作成一幅完整的地图。在这幅地图中，将包括印度次大陆北部长达3200千米的弧形山区。

这项工作在进行时已不单纯是一项科学调查工作，它本身已演变为一次相当规模的军事侵入。原因是印度北部和尼泊尔、不丹的山地居民们根本不允许白人进入他们的居住区，不允许白人干扰他们的传统生活，侵犯他们的神灵。因此，当英国勘探人员出发的时候，还配备有强大的军事力量同行。

1810年，英国人在制造了多起流血事件的情况下，完成了尼泊尔主要山谷地图的制作，并且找到了甘几斯河的准确源头。还在喜马拉雅山的外围山峰上做了标高工作。

1823 年，乔治·埃弗勒斯爵士被大英帝国任命为印度测量局局长。在埃弗勒斯的策划与指挥下，英国的测绘专家们开始有系统地采用三角测量法，明确地定出印度的子午线（从南边的一点到北边一点的坐标轴）。这种新方法的运用，不但很容易便能得出印度南北两点之间任意一处的距离，而且还可以用数学计算的方式，推算出喜马拉雅所有山峰的相对位置和海拔高度。

　　这种测量高度的科学方式，使得测量工作迅速进展。然而，埃弗勒斯指挥的勘测也受到了严重的阻挠。当时，尼泊尔政府明确宣布，禁止一切外国人进入其国境。因而，早在埃弗勒斯上任之前，英国人要进入尼泊尔是极为困难的。1812 年，威力亚姆·姆亚克罗弗和哈西的探险，是乔装改扮成僧侣后才勉强完成的。

　　到了 1847 年，尼泊尔政府的政策稍见松动，但是，喜马拉雅山区的居民们为了保卫神圣的山峰不受白人的侵犯，依然强烈地排斥外国人。他们竭力反对英国人的调查工作，英国当局只好改变策略，在自己控制的地区，挑选当地人进行训练。这些人被称作"朋概多"（梵学者），他们在受训时学会了使用精密的测量仪器，同时掌握了测绘手段。

　　1852 年的一天，一名混入商人马队的"朋概多"回来向埃弗勒斯报告，在尼泊尔与大清帝国西藏的边境线上，有一座海拔 8800 多米的山峰。埃弗勒斯将信将疑，然而，经过了计算之后，证实这个消息是正确的。于是，埃弗勒斯在地图上标上了 –XV 的符号。他狂喜地把这个世界最高峰命名为"埃弗勒斯"峰，作为自己所领导的测量局的一个"伟大发现"。

　　埃弗勒斯爵士的测绘为喜马拉雅山引来了更多的冒险者。

　　1860 年，一支英国军事测绘队进入中国与尼泊尔的边境活动，并且登上了海拔 7025 米的希拉山。

　　1904 年，由庸赫上校统帅的英国山岳部队，则干脆用军事手段占领了中国西藏的军事重镇亚东和首府拉萨等地。

　　1907 年，一个英国军事登山探险队又秘密进入中国西藏与尼泊尔交界的地区，登上了海拔 7120 米的特里苏尔峰。带队的是英军陆军少校朗格斯塔夫。

　　从 1921 年到 1938 年，英国登山俱乐部先后 7 次派遣登山队从中国西藏境内攀登珠穆朗玛峰，每次都是由军官带队。其中，军衔最高的是少将，最低的也是少校，可见当时英帝国对探索亚洲高山区的重视。

应该说，英国人最初进入喜马拉雅地区，带有很大的政治、军事、经济、文化等诸方面渗透的性质，其登山的目的并不仅仅是为了这项运动的发展。但是，如果从登山的角度来看，英国登山队里一些登山家的摸索和探险，对于登山经验的积累，对于日后人类正式向世界最高山峰挑战来说，是具有很大参考价值的。

■■■"高山探险"时代的开始

从1907年到1938年，人类对喜马拉雅山诸多高峰的攀登，都带有探险的性质，因此，这一阶段的攀登，被人们称作"高山探险"。1907年，英国陆军少校汤姆·朗格斯塔夫领导的对特里苏尔峰的攀登，标志着"高山探险"阶段的来临。

朗格斯塔夫身材不高却很结实，他蓄着一脸的大胡子，看人的时候，总习惯将眼睛眯成两条细长的缝。早在攀登特里苏尔峰之前，他的足迹已踏遍阿尔卑斯山、高加索山以及尼泊尔和中国西藏一带。尽管朗格斯塔夫有丰富的登山经验，但对于朗格斯塔夫和他的登山队来说，特里苏尔峰是个未知的世界。

他们从特里苏尔峰的西北面开始攀登，既不知道这条路线的具体情况，也不知道这个山峰的准确高度。到了海拔5200米的地方，全队人员因高山病而陷入了困境。天气酷寒，暴风雪无情，周围的能见度极低，队员们个个疲惫不堪，他们只好在附近扎了营。

晚上，在山间的帐篷里，朗格斯塔夫暗暗地向上帝祈求有个好天气，祈求让他的同伴们都能从高山病中恢复过来。

他们在恐怖的坏天气中度过了难熬的两天。第三天开始时，朗格斯塔夫揭开帐篷向外探视，啊！他惊喜得差点要放声大叫，暴风雪居然停息了。

朗格斯塔夫明白，用不了多久，好天气又会被上帝带走，暴风雪还将降临。于是他命令："赶快动身吧，弟兄们，我们必须在今天完成登顶！"

"这是不可能的，少校，一天要登2000多米呢！"有人提出了异议。

"可是，这是上帝的命令，它用天气的变化告诉我们，要么创造奇迹，要么失败!"更多的人则是信心十足地支持少校。

于是,他们在严寒下,强忍着呼吸困难的痛苦,试用登山史上罕见的"冲锋战法"奋勇攀登。朗格斯塔夫和两位瑞士向导只花 12 小时便攀上了 2100 米的山崖,征服了特里苏尔峰。

朗格斯塔夫少校的"冲锋战法",被当时的登山界看作是一项壮举。他和他的同伴创造的高度记录在世界登山史上保持了整整 20 年。著名专家盖尼斯·梅辛曾在他的《喜马拉雅攀登史》一书中写道:"这座山(指特里苏尔峰)的高度,在当时并不确定。但是,毫无疑问,这是当时已登过的世界各山脉之中最高的一座。"

在朗格斯塔夫创造登山新高度的前后,美国登山家威廉·汉特·渥克门和华妮·巴罗克·渥克门夫妇也来到喜马拉雅山。他们在 10 年间进行了多次探险,并且在几名瑞士向导的帮助下,成功地攀上了许多座山峰。然而,他们到底是登上了哪些山?那些山的高度是多少?至今依然让人议论不休。这是由于他们在对外界公布登山成果前,没有向英国的印度测量局报告,造成位置与高度上错误百出。这样,人们就无法相信他们攀登成绩和经历的真实性了。

渥克门在白白辛苦了十几年以后,终于学乖了。1912 年,他再次来到喀喇昆仑山脉。这次他不敢草率从事,还特地带上了一位制图专家。在制图专家的协助下,渥克门不仅能具体叙述他的探险经历,而且还留下了有关这个地区冰川的详细地图。

在对喜马拉雅的高山探险中,特别值得一提的是意大利著名登山家阿布鲁齐公爵。阿布鲁齐公爵,这位非凡的意大利皇室成员的足迹踏遍了世界的群峰。1897 年,他登上了阿拉斯加的圣伊莱亚斯峰,1905 年,他远征非洲的鲁文佐里山区,1909 年,他又率队攀登了排名世界第二高峰的乔戈里峰。

乔戈里峰海拔 8611 米,位于中国新疆边境的喀喇昆仑山脉上。乔戈里峰的西南、西北、东南、东北各方向,各有一条山脊,被人们形容为"四角锥的金字塔"。

阿布鲁齐公爵的登山队十分庞大,其中还有化学家、地理学家和其他学科的自然科学家。他们先从四面八方对乔戈里峰进行勘察,并将一些冰川的观察结果制成详细的地图。最后，公爵决定从东南山脊路线向顶峰突击。

　　他们坚持不懈地在山脊上攀登，一直攀到海拔 7000 多米的地方。他们碰到了刀刃状的雪梁，这里离峰顶还有 1000 多米的高度。在雪梁上，他们无法找到扎营的地方。阿布鲁齐公爵一筹莫展，只得下令撤退下山。尽管这次没有登上峰顶，但却是登山家们对 8000 米以上山峰的最初尝试。后人为了纪念这位热爱登山的公爵，把他攀登过的那条山脊称为阿布鲁齐山脊。

　　著名的山岳摄影家维多利欧·谢拉也参加了这次登山活动。谢拉从许多角度拍摄了这座雄踞喀喇昆仑之上的世界第二高峰。那些照片至今仍被认为是无可比拟的杰作，成为对以后的挑战者十分重要的资料。

　　20 世纪初，在这些先锋者的影响下，登山家们都梦想征服珠穆朗玛、乔戈里、南迦帕尔巴特这些高不可攀的巨峰。这样，人类登山史上出现了一个最为悲壮的年代，在这个年代里，在世界最著名的巨峰下，发生了一起又一起震惊世界的惨痛事件。

雪　线

　　在高纬度和高山地区永久积雪区的下部界线，称为雪线。雪线是一种气候标志线。其分布高度主要决定于气温、降水量和地形条件。高度从低纬向高纬地区降低，反映了气温的影响。在雪线以上，气温较低，全年冰雪的补给量大于消融量，形成了常年积雪区；在雪线以下，气温较高，全年冰雪的补给量小于消融量，不能积累多年冰雪，只能是季节性积雪区；在雪线附近，年降雪量等于年消融量，达到动态平衡。因此，雪线亦称为固态降水的零平衡线。

　　在中国西部，从青藏高原、昆仑山往北到天山、阿尔泰山，雪线高度由 6000 米依次下降到 5500 米、3900～4100 米和 2600～2900 米。再往北到北极地区，雪线降至海平面。北半球在同一山地，南坡的雪线通常比北坡高，但在喜马拉雅山，南、北坡的气温和年降水量相差极大，致使南坡雪线（4500米）比北坡雪线（5900～6000 米）低 1400～1500 米。

英国八次失败的挑战

20 世纪初，无论是中国西藏的活佛，还是尼泊尔王国政府，一直禁止外国人进入这个地方。当地的居民也把巨峰看做是他们民族幸福和美好未来的保护之神，只许人们在远处顶礼膜拜，根本不允许靠近，更不允许攀登。

在第一次世界大战以前，惟一成功地到达珠穆朗玛峰附近的英国人是约翰·诺尔。1913 年，23 岁的英国陆军上尉诺尔被派往印度服役。诺尔爱好摄影，尤其喜欢在山岳间寻找新鲜的东西。他经常利用休假时间，前往喜马拉雅的高山探险。在好奇心的驱使下，他开始寻找通往西藏的路线。他带领士兵在西藏附近侦察，终于，他发现有一座海拔 6100 米左右的山峰没有设防。他站在山上，远眺中国的西藏山区，不由得心驰神往。回到印度后，诺尔了解到他当时站立的地方距离珠穆朗玛峰只有 64 千米。

在一次大战刚刚结束的 1919 年 3 月，英国登山俱乐部理事会会长帕希·法拉在伦敦正式宣布，英国登山俱乐部将组织和筹备征服世界最高峰——埃弗勒斯（珠穆朗玛）峰的活动。这一雄心勃勃的挑战计划，顿时轰动了全世界。此后，英国登山队向珠穆朗玛峰先后发动了 8 次冲锋，在整整 18 年的时间里，奏响了旷日持久的悲歌。

1921 年，第一次世界大战结束了，作为主要参战者的英国人，从战争的混乱中安定下来，迎来了和平的年代。在战时受到挫折的各项探险事业，又作为生活中不可缺少的新鲜东西，刺激着人们的神经。在帕希·法拉宣布组织远征队攀登珠穆朗玛峰之后不久，英国登山界成立了"埃弗勒斯委员会"，一方面组成远征队，筹措所需的物资，一方面通过各种途径与中国西藏的达赖喇嘛接触，试图说服达赖允许远征队进入禁区。

但是，当时的尼泊尔政府依旧根据民族的惯例，绝对禁止外国人入境。

去珠穆朗玛峰的行程受到阻碍，侦察组长乔治·玛洛里为此十分焦急。就在这个时候，已经被选为远征队队员的诺尔上尉叙述了他当时侦察喜马拉雅山的经历。他认为，完全有可能绕过尼泊尔政府设防的地区，从印度北部进入中国的西藏。

一支集中全英国优秀高山登山家的远征队绕道远行，最后到达了珠穆朗玛峰山麓。

乔治·玛洛里带领侦察组对珠穆朗玛峰四周进行详细的侦察。他们发现，珠穆朗玛峰的北、南和西各有一面巨大而厚实的岩壁，三个主要山脊构成一个巨型金字塔的形状，其中以东北山脊为最大。乔治·玛洛里认为，要登上顶峰，只能走东北山脊路线。这条路线必须沿着绒布冰川的支流向上再爬上北坳的顶部，然后设法沿着山脊登上峰顶。但是，这个计划也存在着一个大问题，这就是：要爬上北坳的顶部，一定要攀登 550 米高的危险冰壁。

经过侦察，远征队员们都认为，珠穆朗玛峰是可以登上的，但是，攀登此峰的登山家，都必须经受前所未有的严峻考验。面对海拔超过 8800 米的世界第一高峰，许多人都怀疑，在稀薄的空气下面，人即使上去了，是不是还能生存？

当时，已经发明了一种在高山上使用的氧气瓶。虽然这只是原始的初级产品，又重又笨，还时常发生故障，登山家们不敢十分信赖它，但英国远征队还是决定使用它。

英国人在 1921 年对珠穆朗玛峰进行的远征，实际上所完成的是对这座巨峰的侦察任务。

1922 年，经过精心的安排，英国"埃弗勒斯委员会"又派出以陆军准将查理·布鲁斯为首的远征队。这次，他们不仅仅是侦察，而且还有攀登的任务。

在这支登山队中，有约翰·诺尔上尉、T. H. 索马艾鲁博士，还有在 1907 年率领英国军事登山队创造"冲锋战法"，登上特里苏尔峰的朗格斯塔夫少校，真可谓精兵强将。

出发前，布鲁斯准将仔细分析了以前的侦察资料后决定，采取稳扎稳打的战术，慢慢地攀援而上，以便保持体力。

第一次攀登他们备尝艰苦，好不容易登上海拔 8138 米的高度，却因空气太稀薄，简直无法呼吸而被迫下山。

第二次攀登开始前，他们分析了原因进行适当的调整，并带上了氧气瓶。这样，他们超过了登山史上的高度纪录，一直攀登到海拔 8325 米处。不料，珠穆朗玛峰耍起了小脾气，用强劲的山风对登山者提出警告。狂风吹得登山队员们站立不稳，后来，他们只好后退着爬行下山。

布鲁斯毫无退缩之意，他在当地雪巴族向导和搬运工人的有力支持下，紧接着又向珠穆朗玛峰发起第三次挑战。可是，这次珠穆朗玛峰发怒了，惊天动地的雪崩使英国人连北坳的顶部都无法到达。无情的雪崩还夺走了 7 名雪巴族搬运工人的生命。1922 年的远征，因这场悲剧而归于失败。

　　1924 年，由爱德华·F.诺顿上校率领的登山队开始了英国人对珠穆朗玛峰的第三次远征。在这支登山队中，值得一提的是乔治·雷·玛洛里。

　　玛洛里 1886 年出生在一个英国牧师家庭，曾就读于英国有名的剑桥大学，后来当了教师。从 18 岁开始，玛洛里迷上了登山运动。在英国对珠穆朗玛峰组织的第一和第二次远征中，玛洛里充当了侦察组长和主力队员的角色。他不仅体质好，技术好，而且还有丰富的登山经验。

　　这次远征，领队诺顿上校制定了一个十分谨慎的计划。在开头的几个星期里，他首先对全体队员进行了训练，以便让队员们能适应珠穆朗玛峰的高度和气候。在训练之后，诺顿上校又将队员分为两组，一组是由部分队员，在不带氧气辅助器的情况下行动；而另一组则必须背着氧气瓶登山。这一次，登山队所走的路线依旧与前两次远征相同。

　　4 月 29 日，登山队在绒布冰川东面的支流上扎营，开始实施攀登计划。但是，这两个突击组都遭到了失败。在暴风雪中，两组队员经过几个星期的努力奋战，体力消耗到了极限。而且，季风期即将逼近，如果季风一来，整个登山行动势必中断。

　　为了不浪费时间，上校当机立断，决定采用第二登山方案。这个方案规定：先由玛洛里、查理·布鲁斯和他的儿子乔弗里·布鲁斯爬上北坳顶部，在海拔 7600 多米处设立营地，然后，再由诺顿上校本人和索马威尔组成一组，前进到海拔 8156 米的地点设立第四营地。

　　这一次，他们创造了一个纪录，突击登到海拔 8534 米的高度。由于全队都没有带氧气，大家实在无法忍受缺氧带来的巨大痛苦，只好退下来，把剩下的 300 米高度留给下一次突击。

　　第三次突击开始了。按照原定计划，上校让诺尔·欧得尔和 22 岁的安东尼·欧文担任登顶任务。欧得尔却在此时犯了高山病，上校只好让玛洛里接替欧得尔。

　　在正式突击顶峰之前，玛洛里在海拔 7000 米的营地给妻子写下一封信，他在信中表示"绝不会向高山屈服而撤退",显示出他此行的勇气和决心。

1924年6月6日,玛洛里和欧文背上重达13.6千克的氧气瓶从海拔7000米高的营地出发了。他们奋战一天到达了海拔7600多米的第三营地。6月7日,他们又成功地到达海拔8156米的第四营地。

6月8日,马洛里与欧文由第四营地出发,去突击顶峰。然而,这两位勇敢的登山家从此再也没有回来。他们是在登上顶峰之后在下撤途中遭遇不幸的,还是在到达顶峰之前就已经遇难?是技术事故,还是因筋疲力尽而被冻死的呢?

这一连串的问题,引起了人们各种各样的推测,但都因证据不足而莫衷一是。

时隔9年,一直到1933年,英国人又对珠穆朗玛峰进行了第四次远征。在这次远征中,登山家哈里斯和威加在海拔8350米的最后一个高山营地的上部,发现了一把登山冰镐。他们很容易就辨认出,这正是玛洛里或欧文9年前的遗物。

这一发现,使得人们对玛、欧失事真相又有了更多的推测。

从失落冰镐这一情况分析,玛、欧极可能是滚坠致死。因为稍有登山常识的人都知道,冰镐是登山家最宝贵的武器和伙伴,绝对不可能故意扔掉。于是,人们又设想如下的情节:玛洛里与欧文用绳索结组而行,突然,其中一人失脚,发生了滚坠;另一人为了腾出双手来操纵绳索以拯救同伴,便立即扔下了冰镐,不幸的是未能奏效,救援者也被同伴拖了下去……

有人根据以上设想得出结论:玛洛里和欧文是在征服峰顶后在下山途中遇难的。理由是,登山中的滚坠失事,一般都发生在下山的过程中。

到了1953年,希拉里和丹增从南坡首次登上珠峰之后,上述的玛洛里、欧文已经登顶之说被世人所放弃。原因是希拉里在登顶之后对北坡山脊进行了居高临下的观察,他认为,从北坡登上顶峰是绝不可能的。

如果说当年"玛洛里、欧文已登顶"的结论下得有些轻率,那么只凭希拉里的一句话就否认"登顶"说法也显得过于武断。如果玛洛里和欧文真是在下山时遇难,那么,他俩的下山究竟是胜利登顶后的凯旋下撤呢,还是突击遇阻而不得不作出退却的呢?无法证实。

玛洛里与欧文的失事至今已70多年了,他们的失踪仍是一个悬案。登山界一直试图揭开这个谜，新闻界也不断以此为题材发表许多新鲜的评论。然而，不管玛洛里、欧文两位登山家是不是到达过珠穆朗玛的顶峰，他们都为人类的登山事业作出了杰出的贡献。

当年玛洛里与欧文的死，在英国国内引起很大的震动，英国当局为玛洛里举行了隆重的空棺葬礼，其规模相当于一次国葬。

从 1921 年到 1924 年，英国登山俱乐部连年挑选精兵强将远征珠穆朗玛峰，换来的却是一次又一次的失败。登山俱乐部因此损失惨重，一时难以恢复元气。所以，从 1925 到 1933 年，英国的登山界处在休整期，暂时无力派出新的远征队。但是，巨大的挫折并没有消磨掉英国登山家们的锐气，更没有使他们丧失要征服世界第一高峰的雄心，他们依然坚定不移地认为：珠穆朗玛峰是可以被人类登上的。

1933 年，经过休整的英国登山俱乐部，在广大登山家们的一致要求下，又组织起一支由 16 位优秀登山家组成的登山队，向世界最高峰珠穆朗玛峰发动了第四次远征。

这支远征队由队长赫·卢托列吉率领，依旧绕道中国西藏，使用北坡路线。但是，这次努力又没有成功。

1934 年，在玛洛里与欧文遇难 10 周年之际，英国陆军大尉米·成尔逊使用轻型飞机单独向珠穆朗玛峰挑战。结果，他的飞机损坏在绒布冰川附近，威尔逊本人也受了伤。威尔逊并没有因伤痛而退却，他雇用了当地的雪巴族人，在他们的协助下继续登山。可是，出发不久，他就碰上了一场特大的暴风雪。最后，威尔逊大尉不幸被活活冻死在东绒布冰川上方海拔 6400 米处，成了登山史上又一个献身者。

1935 年，由曾在 1933 年任攀登珠穆朗玛峰主力的著名登山家伊·希普顿率领的一支 7 人登山队又来到北坡，但是，他们这次只坚持到海拔 7000 米处便告失败。

1936 年，由三年前遭到失败的赫·卢托列吉再次担任队长率队向珠峰挑战，十分遗憾的是，这支远征队也只到达了北坳的顶部（海拔 7050 米）。

1938 年，葛·狄尔曼又率 7 人登山队从北坡攀登。这次，他们到达了海拔 8290 米的高度。后来，遭到强劲的暴风雪的袭击，他们无法立足，眼睛无法视物。最后，他们只得放弃登顶而撤退下山。

在第二次世界大战以前，英国人向珠穆朗玛这座世界最高峰先后发动了8次冲击，他们的鲜血与汗水换来的却是接踵而来的失败。但正是由于有了这些失败的经验，英国登山家们才有日后首登世界之巅的荣耀。事实告诉人们：最重要的是精神，是那种前仆后继、百折不挠的伟大精神。

■■■ 登上女神的圣堂

在英国人宣布他们要向地球之巅——珠穆朗玛峰发起挑战之后，法国、德国、美国、奥地利、瑞士和意大利等国的登山界犹如被注射了一支兴奋剂，顿时活跃起来。

20世纪30年代，正在兴起的美国和第一次世界大战后经过恢复而重新发展起来的德国，也相继加入了对喜马拉雅地区的高山探险行列。

由于当时人们对喜马拉雅地区的地理、地质、地貌和气候等自然状况很不了解，所以，这些早期的挑战者在高山探险阶段中，演出了一幕接一幕的惨剧，付出了相当大的代价。

在20世纪30年代的10年当中，英国人多次远征珠穆朗玛峰都遭惨败，但是，在喜马拉雅山的其他地方，却传来许多登顶成功的消息。1930年，英国登山队成功地登上了约翰逊峰（海拔7459米）；1931年，弗兰克·史密斯率领的英国登山队又登上了印度北部的克麦特峰（海拔7756米）；接着，高度在6700米以上的9座山峰，先后被由英国人、瑞士人、日本人、德国人和美国人所组成的远征队所征服。

美国登山家的喜马拉雅远征，是从攀登中国四川省境内的贡嘎山开始的。贡嘎山位于喜马拉雅山系外侧的一支山脊线上，海拔高度为7590米。与喜马拉雅山大骨架上的山峰相比，贡嘎山由于起点较低，绝

贡嘎山

对高度显得很高。难怪澳大利亚的考察者叶长青在《贡嘎山素描说明》一文中，曾误把贡嘎山当作世界第一高峰。美国探险家骆克在美国国民地学杂志上发表《幽居僻境的中国第一奇峰》，也误把贡嘎山当作世界第二高峰。这样，贡嘎山在20世纪30年代初，引起了美国登山家们的浓厚兴趣。

　　1932年，美国登山探险队在特伦斯·摩尔、理查·布尔沙和阿瑟·爱门斯领导下，对贡嘎山进行了大规模的探险攀登。对于美国人来说，这是他们第一次碰上亚洲的高山，免不了有一场生死搏斗。他们在10月间出发，历经千辛万苦，直到第二年的3月才由摩尔和布尔沙将美国国旗树立在山顶激荡的风雪中。

　　阿瑟·爱门斯在这场探险中，经受了巨大的痛苦，因为严重冻伤，他失去了所有的脚趾。

　　尽管如此，攀登贡嘎山的成功，仍然极大地鼓舞了美国人的信心。美国登山家们又决定攀登海拔7817米的楠达德微山。

　　楠达德微山，位于印度北部的喜马拉雅山上，在世界高

贡嘎山

峰中，它的海拔高度排在第20位。关于这座山，还有一个美丽的印度神话故事：美丽温柔的楠达女神，为了逃避恶魔王子的纠缠而来到这座圣洁的雪山上，于是，楠达德微山成为楠达女神的圣堂。

　　从外面看，楠达德微山很像一座城堡。它的周围被岩塔似的山峰和棱线包围着，里边则是被称为"女神的内宫"的第二丛山棱。这个"内宫"，是由英国著名登山家朗格斯塔夫少校发现的。1905年，朗格斯塔夫少校正在这一带探险，当他爬上外围城墙状的山脊时，偶然发现了"内宫"。朗格斯塔夫曾尝试着进入"内宫"，但是他的几次努力都失败了。在他实在爬不动的时候，却意外地发现了通往"内宫"的路线。

　　这是一条异常艰难的路线：顺着里溪堪卡河上去，到达源流尽头时，数

楠达德微山

百米高的冰雪绝壁便直竖在面前，要进入"内宫"，就必须凭借高超的攀岩技术爬上这个绝壁。

楠达德微山优美动人的传说，楠达女神圣宫的浪漫色彩，丝毫没有减少攀登时的艰难。

在经过两年详尽侦察的基础上，1936 年，英国威尔士登山家 T. 古拉哈姆和美国登山家查理·赫斯顿博士率领的英美联队正式向楠达德微山进发。

在这支队伍中，有在 1933 年征服贡嘎山时失去脚趾的美国登山家阿瑟·爱门斯，有在 1924 年参加珠穆朗玛峰远征，并目送玛洛里一去不返的英国登山家欧得尔。他们都有过不幸的遭遇，然而，他们又都义无反顾地加入了探险的行列。

这是一次困难重重的攀登。登山队刚刚到达里溪堪卡河时，担任搬运工的大部分雪巴族人因为纠纷而拒绝继续提供帮助。为了运送登山时的粮食、物资等各种必需品，每一位登山家不得不同时兼干搬运工的工作。他们一个一个地爬上里溪堪卡河，在海拔 4500 米处设置了营地，然后，又和仅剩的几名雪巴族搬运工人一道，一趟一趟地来回搬运沉重的货物。白白地损耗掉许多体力之后，这支队伍终于到达了海拔 6400 米的高度。这时，他们又面临了新的考验。冻伤、高山病和雪盲症使得仅剩的两名雪巴族人和两位美国登山家丧失了继续攀登的能力。

最后，只剩下 4 名英国人和 2 名美国人了。暴风雪一次次地向他们猛袭过来，他们则以惊人的毅力一次次地抵挡过去。在 6 个人的脑子里只有一个念头：登上去！一定要登上去！

在铺天盖地的风雪中，他们好不容易突破了海拔 7000 米的高度。他们在晚间宿营前预定第二天一早，先由英国队的欧得尔和美国队的队长赫斯顿突击顶峰。

寒冷的夜晚来临了，在这冰天雪地中，满目是蓝幽幽的冷光。6 个人蜷缩在营地里，静静地听着呼啸而过的狂风声。

漫漫长夜总算熬过去了。第二天，当早晨的太阳出现在脚下的地平线上的时候，赫斯顿醒了。他想站起身来，突然发觉脚已失去知觉，无法再站立起来了。

赫斯顿显然已经严重冻伤，他的脚趾头看来很难保住了。这样，代替赫斯顿突击顶峰的任务就落在了美国队仅剩的一位登山家提尔蒙的身上。

欧得尔和提尔蒙这时也已经筋疲力尽，但为了全队的胜利，他们又支撑起摇晃的身体，去完成那最后 800 米的高度。

他们没有带氧气筒，越向上爬越感到透不过气来。在稀薄的空气中，他们每前进一步，都要多次喘息。因此，他们前进的速度慢得像蜗牛爬行。

他们越过深埋过膝的积雪，一点一点地在危险的冰壁上移动，时而还会遇上几次雪崩，能否保住性命，则全靠运气了。然而，他们相互鼓励着，一步一步地接近最高点。终于，他们成功了！他们登上了"楠达女神的圣堂"。

攀登"吃人的魔鬼山峰"

楠达德微山被征服了，接下来的目标是另一座喜马拉雅山峰——南迦帕尔巴特。

南迦帕尔巴特峰位于喜马拉雅山的西部，海拔 8125 米，高度排世界第九位。"南迦帕尔巴特"，是当地克什米尔居民的土语，意思是"光秃秃的大山"。

南迦帕尔巴特是一座凶险的山峰，被许多登山家称为"吃人的魔鬼山峰"。它的构造类似珠穆朗玛峰，山脊很长，

楠达德微山

在靠近山脊的中间处，还有陡峭的前卫峰阻挡着。到顶上的最近路线是攀北壁。可是，这北壁素以雪崩频繁而闻名世界，要到达最初的积雪山脊，还必须绕道而行。不少老资格的登山家认为，这条南迦帕尔巴特的北壁路线有珠穆朗玛峰北坳"两倍的长，三倍的危险"。

著名登山家、"新路线派"的先驱和无向导登山的最初尝试者姆马里，在1895 年丧生于南迦帕尔巴特峰的冰雪里。

1932 年，美、德登山联队途经新德里来到南迦帕尔巴特峰下。由于天气急剧变坏，联队只作了初步的路线侦查，便不得不匆匆撤退。

南迦帕尔巴特峰

1934 年，一支德国专业登山队，在姆马里牺牲 40 周年之际，由威利—麦克尔率领，来到了南迦帕尔巴特峰。

两年前麦克尔曾和美国人一起到过此峰，那次，他已初步领教过南迦帕尔巴特峰的复杂地形和恶劣气候。这一次，他们的队伍尽管在编制上不太完善，但由于麦克尔有上次领队的经验，还是将队伍控制得很好。

攀登进行得十分顺利。麦克尔高兴地看到，他们的营地在一个一个地升高。几个星期后，麦克尔等登山家和雪巴族搬运工人全都到达了离峰顶只有 600 米的地方。可以说，成功在望。这里，被人们称为"吉尔巴札提鲁"，是顶峰下方由山脊深切出来的一个坳口。就在这个时候，忽然狂风大作，登山队一行只好停留在被吹得呼呼作响的帐篷里，以免被冻死。

第二天，暴风雪依然没有停止的迹象，麦克尔只得决定后退。当撤到离第二营地 1200 米的地方时，他们不慎把粮食弄丢了，这对处境艰难的登山队来说，无疑是雪上加霜。麦克尔眼睁睁地看着他的队员一个接一个地倒下，无声无息地丧失生命，经过数天难以忍受的折腾之后，只有7人生还第二营地。有的患了雪盲，有的受了冻伤，倒在第二营地中，一个个都已奄奄一息。

留在山底下的接应人员，想尽办法去营救他们。但是，凶狂的暴风雪死死地阻挡住前进的路，使得一切努力都成徒劳。

在第二营地的帐篷内，剩余的人一个个被死神招去。在队长麦克尔倒下时，陪伴他的只剩下雪巴族人盖雷。盖雷让另一位同族兄弟安杰林下山逃生，他自己留下陪伴队长。在麦克尔死去之后，由于寒冷和饥饿，盖雷也开始神志不清了。最后，这位雪巴族英雄也丧生在暴风雪中。

就这样，这支德国登山队在南迦帕尔巴特峰上全军覆没。死亡9人，包括队长麦克尔、副队长威尔茨巴哈和登山家威兰德、施尼捷尔等登山界的好手。惟一生还的，是雪巴族向导安杰林。

南迦帕尔巴特大惨案使德国举国震惊，同时，激起了更多的登山家征服这座"吃人山峰"的决心。

1937年，由卡尔·温任队长的又一支16人登山队来到南迦帕尔巴特。他们原想以登顶成功来抚慰麦克尔等献身者的在天之灵，但是，不幸的是卡尔·温一行人的结局与麦克尔他们一样的悲惨。那是在6月14日的夜晚，登山家们为了防止暴风雪，挖开深雪，将帐篷搭设在雪中。半夜，在帐篷中宿营的队员们听到由山顶方向传来的巨大轰隆声，还没等他们来得及作出反应，特大的雪

南迦帕尔巴特峰

崩把他们连人带帐篷全部埋葬在深雪里。卡尔·温等16人无一生还。

南迦帕尔巴特，这座"吃人的魔鬼山峰"，造成了一次又一次的重大惨案。从1895年到1937年的仅仅三次攀登活动中，就"吃"掉了26人。

雪 盲

雪盲属于高山病的一种，是电光性眼炎，主要是紫外线对眼角膜和结膜上皮造成损害引起的炎症，特点是眼睑红肿，结膜充血水肿，有剧烈的异物感和疼痛，症状有怕光、流泪和睁不开眼，发病期间会有视物模糊的情况。经久暴于紫外线者可见眼前黑影，暂时严重影响视力，故误认为"盲"。登山运动员和在空气稀薄的雪山高原上工作者易患此病。配备能过滤紫外线的防护眼镜，可起预防作用。

雪盲是人眼的视网膜受到强光刺激后而临时失明的一种疾病。一般休息数天后，视力会自己恢复。得过雪盲的人，不注意会再次得雪盲。再次雪盲症状会更严重，所以切不能马虎大意。多次雪盲逐渐使人视力衰弱，引起长期眼疾，严重时甚至永远失明。

法国人率先突破 8000 米高峰

人类登山总是一步一步地前进，一步一层天，不可能"一步登天"的。要登上 8000 米以上的高峰（又称巨峰），登上地球上的最高峰却是所有登山探险家的心愿。但要登上这么高的冰雪山峰除了要有强健的体魄、高超的技术、顽强的毅力外，还要有物质条件作保证。

登 8000 米以上的山峰远不是一天一夜能完成的，要在冰雪环境之中奋斗十几天、几十天才能完成。在登山装备上一定要有质轻、保暖的衣裤、睡装、手套及袜子；质坚耐用的绳子；抗风保暖性强的高山帐篷；还要有轻便的岩石锥等。不可能想象披上一件厚重的棉大衣或羊毛皮大衣，穿上一双旅游鞋就能去征服 8000 米以上的山峰。正因为如此，人类在第二次世界大战前，没有一个山地探险家能登上超过 8000 米以上的巨峰。

第二次世界大战后，不少国家兴起了一个攀登海拔 8000 米以上巨峰的热潮。在这方面，法国人捷足先登。他们于 1950 年 6 月 3 日，首次登上了海拔 8091 米的世界第 10 高峰——安纳普尔那 I 峰。

1949年2月，在法国高山俱乐部年会上，主席罗森戴维提出攀登喜马拉雅山中海拔8172米的道拉吉里峰，受到大家的一致赞同。他们认为这不仅仅是一次山地探险的突破，打开人类通向8000米以上巨峰的大门，而且也是鼓舞法兰西民族精神的一件大事。此事得到了法国当时的戴高乐政府和法国人民的广泛支持。

报名参加这次攀登活动的人数达480人之多，这些人都是攀登阿尔卑斯山的好手。最后经过慎重考虑，选择了8个人组成了登山队。队长是莫利斯·埃尔佐。

法国人利用发达的化纤工业，制造出尼龙面料的羽绒衣裤、尼龙绳、高山帐篷等，同时他们又制造出铝合金铁锁、岩石锥等。这支法国登山队全部食品和装备较轻。装备重量的减轻，是法国人对高山探险的一个大贡献。

1950年4月7日，法国登山队抵达印度、尼泊尔边境的城镇纳乌丹瓦，雇佣了150名夏尔巴人作搬运工。夏尔巴人是尼泊尔境内一个具有丰富登山经验、身体强健的民族。

由于道路的艰险，加上每天登山达14个小时，夏尔巴人感到劳累不堪，几次提出增加工资。队员们更感到过度疲劳，再加上高山病的折磨，只剩下埃尔佐、拉什耐尔和5名夏尔巴人还有力量继续向上攀登。

6月2日，埃尔佐和拉什耐尔2人在2名夏尔巴人的支援下登达7400米，建起了4号营地。但他们仅带了一顶供2人使用的小帐篷，2名夏尔巴人只好下山了。

6月3日，晴空万里，他们置生死于不顾，没有使用绳索保护，轮流在前面开路。到7800米处，拉什耐尔感到左脚不是自己的了，随后，两只脚都难以挪动。但他俩咬紧牙关坚持前进。在下午6时15分，经过12个小时的拼搏，终于登上了海拔8091米的安纳普尔那I峰，埃尔佐格和拉什耐尔在顶上欢呼着，插上了法国国旗，然后又互相为对方拍了一张手举冰镐的照片。写下了人类高山探险史上新的一页！

他俩在顶峰上停留了20分钟后，开始下撤。这时风很大，天也黑了，加上体力消耗很大和冻伤，他们越走越吃力，终于在离4号营地（海拔7400米）还有150米处时，筋疲力尽，倒在雪地中。连嘶哑的声音也发不出来，默默地祈求着上帝的保佑。

事情凑巧，6月4日清晨4时，预备向顶峰突击的法国队员雷彼发和泰利在手电筒的光束中发现了奄奄一息的埃尔佐和拉什耐尔，他们在海拔7550米的冰山雪峰上已经倒下了近10个小时，为了同伴的生命安全，他们毅然放弃了登顶的机会，将埃尔佐和拉什耐尔送回安纳普尔那I峰下的基地营。

四个人一同下撤。途中，他们又遇到暴风雪的袭击。他们奋战了一天，依然无法找到第三号营地，不得已，只好在山上露宿。为了不在睡着时被冻死，他们四人整夜地跳跃着，并互相踢打对方的脚。等到再一次迎来早晨时，他们发现昨夜脱下的鞋子被大雪埋没了，四个人焦急万分地四下扒雪找鞋子，可是在一个小时的找鞋过程中，他们的脚都被严重冻伤了，同时还患了雪盲症。

四个人都快要支撑不住了。摇晃着即将倒下的时候，从大本营里出来搜索的救援队发现了他们，将他们救回了大本营。

回到法国后，拉什耐尔截去了双脚，于1955年去世；埃尔佐全部手指和脚趾也因冻伤坏死而做了截肢手术，1964年他出任法国青年体育部部长。

法国人首次登上8000米以上的高峰，标志着一个登山新时代的开始。此后，登山家就把攀登地球上全部海拔超过8000米的山峰，作为自己的目标。这在科学研究上，在认识自然和人类自身上具有十分重大的意义。自这以后的14年到1964年为止，人类已经登上了这14座高峰。但是，开拓者的功绩是永远不会被人忘记的！

法国登山队，在两个星期的短时间内，以一次行军，直插峰顶，取得了成功。这种战术至今仍是一种向8000米以上高峰进击的典型战术，它被称为"安那普尔那式突击法"。

英国人第一次踏上地球之巅

1953年，英国登山俱乐部又一次派出了珠穆朗玛峰远征队。

这是英国人的"背水一战"，因为雄心勃勃的瑞士人和法国人宣布他们都已组成了强大的登山队，准备在1954年和1955年征服世界最高峰。英国人能否夺得地球之巅的初登胜利，全看这一次的努力了。

只能成功，不许失败。英国登山队在装备和人员配备方面都作了极其认真而充分的准备。他们选择登山预备队员，在进行了长达一年之久的技术和身体训练之后，又从100多名预备队员中选出8名正式队员。与此同时，他们根据法国人在征服安那尔那时的装备特点，改进了他们的登山装备。领队约翰·汉特，经过多方努力，请到了一年前曾为瑞士队担任向导的雪巴族人丹增·诺尔盖和通杜普等人，并吸收丹增·诺尔盖为正式队员。

约翰·汉特是一位经验丰富的登山家，早在第二次世界大战以前的1935到1938年，他就多次参加过英国喜马拉雅和喀喇昆仑的登山探险队。他卓越的技术和组织能力，在英国登山界享有盛名。

汉特决定使用去年瑞士队的路线，使登山队在人力、物力和路线上都得到充分的保证。

在汉特的指挥下，英国登山队在海拔5490米高处设置营地，然后，又从这个营地一直到海拔8000米的南峡谷，连续设置了8个补给品营地。每设立一个营地，汉特都给予队员和搬运工充分的休息时间，以便让大家适应高海拔地区的气候。终于，他们来到了冰塔林立的冰瀑区。汉特等提心吊胆地通过了冰瀑区。安全通过后，他们回想起来仍有些后怕，于是，他们把这个冰瀑区命名为"鬼门关"。

直到抵达维司坦克姆冰盆地为止，汉特采用的都是上次瑞士队用过的路线。接下来，汉特根据队员们的意见，决定采用一条新路线，这要比瑞士队攀登时绕更远的路，但较为安全些。

他们在南峡谷搭设了第八座补给营地。这时，全队人员已经疲惫不堪，有的因不适应海拔8350米的高度，开始出现头疼、目眩、心动过速等高山病的症状。根据队员们的身体状况，汉特不得已把原定的6人突击组减少到4人。这4个人又被分为两个小组。第一组由科学家波提隆与医生艾文斯组成，第二组则由印度籍的雪巴族队员丹增·诺尔盖和新西兰籍的养蜂专家埃德蒙特·希拉里为成员。

5月26日清晨，波提隆和艾文斯首先出发突击顶峰。他们一直攀登到黄昏时分，终于看到了珠穆朗玛最后的山脊线，眼看就要大功告成，不料这时，他们的氧气却用完了，只好遗憾地折返。

5月27日，连续几天的好天气突然变坏，风雪交加。希拉里与丹增忧心忡忡地望着帐篷外的天地，暗暗祈求老天爷能让风雪停止，使他们的行动不至于中断。

第二天，云层果然散开，天空又有了阳光。丹增与希拉里兴奋异常，赶忙准备装备，立即向峰顶出发。他们先把物资搬运到海拔 8500 米处，把帐篷搭设在山脊斜面的岩棚上。当夜，他们在这里宿营，为了节省氧气，留到第二天行动时用，睡觉的时候尽量不用，所以他们很难入睡。

5 月 29 日，天气晴朗，他们在早上 6 时 30 分就出发了。在前方接近山脊的地方，复杂的地形让积雪掩盖住了，他们不得不时常离开路线在积冰的斜面上攀登。历尽艰险，两人总算渡过了这个难关。在这期间，他们的氧气瓶曾一度失灵，无法操作，让他们担心了好久。

希拉里在事后说："我们所顾虑的惟一问题就是氧气。担心它究竟能维持多久？能够供应我们上顶吗？下山时，氧气够用吗？这个问题一直盘旋在脑海里，使我们惴惴不安。"

离珠穆朗玛峰顶越近，浮雪也越深，行动起来就更加吃力。希拉里由于过度疲劳，行动很困难，他每走一步都要留在雪地上大口地吸氧气。他和丹增·诺尔盖轮流在前面开路，两人之间保持有六七米的距离，你走我停，我走你停，差不多一分钟才能走完一步。

忽然，他们发现在前方约 12 米处，有一座雪梁挡住了去路。雪梁的一侧是令人目眩的绝壁，另一边则是深深的积雪。顿时，丹增·诺尔盖与希拉里感到进退两难。但是，他们不甘心在峰顶即将到达时放弃登顶。

"一定会有一条路的。"丹增说。

"我也这么想。让我先来试一试。"

希拉里说完向前迈了一步，发现在岩壁与积雪间有一条狭窄的裂缝。他试着把脚踏上去，然后，慢慢地把体重也加了上去。这个裂缝状似烟囱，稍不留意，人就有坠落的危险。然而，他们终究还是过去了。

1953 年 5 月 29 日上午 11 时 30 分，走在前面的希拉里再也看不到比他更高的地方了，他们站在了地球之巅！

两位勇敢的登山家热烈地拥抱，相互纵情地拍打，表达他们狂喜的心情。

丹增在冰镐上分别悬挂起联合国、英国、印度和尼泊尔四面旗帜。他高举冰镐，让希拉里给自己拍了照。为了有效地摄取这些极其珍贵的镜头，希拉里不顾严寒，摘掉手套，脱下氧气面罩进行拍摄。

最后，两人在峰顶挖了个雪洞，把两件小物品埋在雪洞里。希拉里埋的东西是汉特领队托他带上的小十字架，丹增埋的则是一包奉献给佛祖的巧克力。

事后，当丹增回忆起他在珠穆朗玛峰顶的感受时，依然是那样的情不自禁。他说："在世界最高峰的顶上，我向南看到了山下尼泊尔一侧的丹勃齐寺，向北看到了西藏境内的绒布寺，我是世界上第一个同时看到这山南与山北两座大寺庙的人。短短的 15 分钟对我们两个幸运儿来说，实在是太短促了。"

珠穆朗玛峰

为了节约时间，丹增和希拉里在峰顶只待了 15 分钟。下午 2 时，他们回到 8500 米处的营地休息，傍晚，他们在下边的一个营地与支援队会合。他们一起向下，到达又一个营地里时，领队汉特从他们疲惫不堪的脸上似乎看到了什么，他以为他们又失败了。当汉特得知珠穆朗玛峰已被征服时，他激动万分，泪流满面，紧紧地拥抱着两位勇士。

出发之前，汉特曾代表英国登山队与泰晤士报订下合同。英队登山的全部报道权均属泰晤士报。因此，在其他舆论媒介还在为英国队能否胜利作种种猜测的时候，泰晤士报捷足先登，在头版的重要位置长篇报道了这个登山史上非凡的胜利。

初登珠穆朗玛峰的胜利，是一个空前的胜利，只是让英国人感到美中不足的是，两位勇士当时都不是英国人。所以，在 1955 年 5 月，英国人又组队攀登海拔 8598 米的干城章嘉峰时，登顶者全是英国人。

世界第三高的干城章嘉峰

干城章嘉峰位于尼泊尔、锡金（印度一个邦）边界，是世界第三高峰，也是全世界14座8000米以上高峰中，位置最东的一座。干城章嘉被锡金人视为神山，但其名称一般相信来自藏语，意思是"五座巨大的白雪宝藏"。

无论从任何一个角度来看，干城章嘉都有着宽阔巨大的山体，由四个不同的峰顶组合出的巨大山块。分别是8586米的主峰、8505米的西峰，8491米的南峰与8482米的中央峰。西峰由于山形突出，距主峰稍远，获得几支登山队的青睐而专攻此峰；有些人认为应独立为世界第15座8000米高峰，如果这样，西峰就是世界第五高峰，还比马卡鲁高一些。但一般登山界并不接受这种说法，还是将西峰视为干城章嘉的一个侧峰。

中国人征服地球之巅

建立世界最大登山基地

1960年，是中国人民普遍陷入饥荒而节衣缩食的年代。就是在这个年代里，中国的登山英雄们却干出了一件让全世界都震惊的事：攀登珠穆朗玛峰，征服地球之巅。

1960年3月中旬，中国登山队离开西藏自治区首府拉萨，经日喀则等地，沿着当地藏族同胞为他们修筑的公路，开向珠穆朗玛峰山麓。这是一支由20多辆卡车组成的浩浩荡荡的队伍。

3月19日，一个风雪交加的日子，干燥的雪粒像浓雾一样弥漫在山峦上空，阵阵刺骨的寒风把沙石卷起几十丈高。中国登山队的全体队员，冒着风雪和严寒，来到了珠穆朗玛峰的脚下。在他们的头顶，是世界的第一高峰，一座海拔8848米的巨型金字塔。它巍然雄踞在白雪皑皑的喜马拉雅山上，峡谷中悬挂着几条大冰川。这里，是冰的王国，雪的世界。

登山队员们跋涉到海拔5120米的高度。他们在著名的绒布寺的上方，找到了一块谷地。这是一道已经萎缩的山谷冰川的脊部。登山队决定，将大本营扎在这里。

中国登山队在这里建立了当时世界上最大的登山基地，他们把这个基地称为喜马拉雅新村。这个硕大的喜马拉雅新村，设施先进，设备齐全。

每一位中国登山家都明白，是全国人民，为他们在珠穆朗玛峰上搭起了巨大的舞台。全体中国人民都渴望他们能在这个举世瞩目的大舞台上，有一幕辉煌的演出，能真正表现出一个伟大民族的英雄气概。

部署四大"战役"

在喜马拉雅新村的村口，有一个用松柏和红布扎成的象征性彩门，登山队在两边的门框上贴上了一幅大红对联："英雄气概山河，敢笑珠峰不高。"横批是："人定胜天。"中国登山家们的万丈豪气，由此可见。然而，珠穆朗玛山区气候瞬息万变，暴风雨常常把帐篷刮得东倒西歪，还有发出雷鸣般轰响的冰崩，零下二三十摄氏度的严寒，和高不可攀的险峻山峰……在第二次世界大战前，珠峰曾接连击退过英国人的 8 次进攻。为了打通一条通向"北坳"的路线，英国人曾付出了 11 人生命的代价。今天，它对待只有不到 5 年登山历史的中国人，难道会客气一点么？

总指挥部的大帐篷内，国家体委的韩复东司长、登山队的史占春队长以及副队长和政委们一遍又一遍研究着英国人、瑞士人攀登珠穆朗玛的资料，一遍又一遍地总结美国人、法国人、德国人攀登 8000 米以上高峰的经验与教训。当然，中国人也有自己的长处，要不然，就不会选择早被英国人宣布为死路的北坳作为进军路线。

在指挥部的统一规划下，登山队一到大本营，战线便立即全面铺开。在荒凉的山坡上，工作人员尽心尽力地做好了各种准备工作。

与此同时，登山队队部的负责人，根据历史资料、侦察报告和登山队员们的意见，制定了征服珠穆朗玛的攀登计划。计划制定者认为，征服 8000 米以上的高峰，不能指望一次行军就夺取胜利，而必须经过几次适应性的行军，逐步适应，逐步上升，然后再集中主力突击主峰。因此，他们把征服珠穆朗玛的伟大"战争"分为 4 个"战役"。

第一战役，队员们从大本营出发，到达海拔 6400 米的地方，然后返回大本营休息。

第二战役，从大本营出发，上升到海拔 7000 米的地方，然后返回大本营休息。

第三战役，从大本营出发，上升到海拔 8300 米的地方，完成后依旧返回大本营。

这三次适应性的行军，登山队员一方面可以在沿途不同的海拔高度建立起许多个高山营地，为最后夺取主峰创造物质条件。另一方面，逐步地上升高度，使队员们有充分的时间去适应高山环境。

在这以后，第四战役就要求队员从大本营出发，直抵海拔 8500 米的地方，建立夺取主峰的突击营地。然后，从这个突击营地出发登上 8848 米的主峰。

发现英国人尸骨

1960 年 3 月 25 日，天气晴朗。中午 12 时，全体登山队员根据队部的决定，背起背包，手持冰镐来到喜马拉雅新村广场集合。

在庄严的国歌声中，举行了升旗仪式。随后，队长史占春宣布向珠穆朗玛峰发起挑战的命令："现在，中国登山队开始向世界第一高峰挺进！"

登山队员们沿着东绒布冰川的中脊路线，开始了对珠穆朗玛峰的第一次适应性攀登。东绒布冰川是绒布冰川三大支系中的一支，它的下部覆盖着起伏的冰丘，有的地方露出巨大的冰墙，低洼的地方则汇成冰湖。东绒布冰川的坚厚冰块似江河一般沿着弯曲的峡谷缓慢地移动着，中国登山队员们就要从这陡滑的冰川上攀登上去。登山队员们跨越东绒布冰川之后，时间已到傍晚，他们迎着凛冽的山风，在海拔 5400 米的山坡上，扎下了营地。

在这个营地下方的山岩上，登山队员们看到了几个乱石围垒的空地，里面散堆着已经锈烂的罐头皮和黑皮鞋，从模糊不清的一些英文商标上来分析，这些应该是第二次世界大战前英国远征队的遗物。中国登山队员就伴随着这些历史遗物，度过了在珠穆朗玛峰上的第一个夜晚。

第二天清晨，登山队员们用攀岩的方法翻过一道险峻的岩壁之后，开始进入冰塔区。这里是一个奇异的水晶世界，有数不清的尖锥形冰塔，有的高达十几米甚至几十米，它们玲珑剔透、晶莹夺目，把周围装扮成了一座冰雪的森林。壮丽的奇景激发了登山队员们的童心，他们欢呼着、歌唱着，不顾疲劳，忘了危险，孩子般地在冰塔间转来转去，还不时地用摄影机把这一切摄入镜头。

然而，路越来越难走了，人们常常只能在冰塔间的狭窄裂缝中挤身而过。在高山上强烈的日照下，冰面冒着气泡，裂缝中不时响起冰块炸开的声音。接着，巨大的冰塔崩塌下来。岩石般坚硬的冰块沉重地打下来，纷纷四散，给途经这里的登山队员的生命构成了严重的威胁。

队伍暂时停了下来，以便寻找更安全的路线。就在这个时候，有人发现了带领侦察队在前面开道的许竞副

珠穆朗玛北坡近景

队长留下的示警纸条："危险！冰崩地区，攀右侧山坡绕行。切勿停留，速去！速去！"

大家遵照嘱咐，来到了右侧山坡。抬头一看；哇！细心的侦察队员们已经用冰镐在雪地上为他们刨出了一级级整齐的台阶，修出了一条攀登之路。这条路一直通到海拔5900米的二号营地。

走出二号营地，登山队员们立即进入东绒布冰川的巨大雪盆。这是一片漫无边际的冰雪台地，冰川坎坷而且陡滑，巨大的裂缝像蛛网般地密布着，几乎每走一步，就要跨越一个死亡陷阱。

下午，天气突然变坏了。刺骨的狂风在中国登山队员的头顶上发出长长的呼啸，刮得人皮肤生疼，接着，浓密的雪粒横扫过来，使得大家都看不见几米之外的路。气温骤然降到零下20多度。寒冷使得登山队员们的动作变得僵硬起来。大家用"结组"的办法，借助登山索彼此保护，在可见度极差的情况下，只好用冰镐探路，顶风冒雪，继续攀登。

在经过一段山坡下的雪地时，大家暂时停了下来。他们发现，路边的雪

堆上有一团黑色的东西，那是一具尸体。尸体侧卧着，估计死者生前是个身高1.9米的大个子。英国制的草绿色鸭绒衣早已破烂变色，腰、领等处还留有草绿色毛料样物。尸体的软组织已不复存在，无法辨认面目。中国登山队员们在对尸体进行拍照后，用冰镐刨开雪堆，将它就地掩埋了。从对英国远征珠峰的历史情况来分析，这具尸体应该就是在1934年单人来珠穆朗玛挑战而遇难的英国探险家威尔逊大尉。

傍晚，他们踏着坚冰来到海拔6400米的地方，并在那里设立了第三号高山营地。在胜利完成第一"战役"的适应性攀登之后，中国登山队员全部安全地返回到了大本营。

勇闯"鬼门关"

珠穆朗玛峰的北面，耸立着一座顶端尖突、白雪弥漫的山峦，那便是珠穆朗玛峰的姐妹峰——章子峰（海拔7553米）。在章子峰与珠穆朗玛峰之间，是绵延起伏的奇陡的冰雪峭壁，因为它坐落在两峰之间的鞍部，是一个大山坳，人们把它称为北坳。

珠穆朗玛北坳

根据英国登山家的经历，从北坡攀登珠穆朗玛峰有两大难关，第一个就是北坳。北坳位于东绒布冰川上游的最上方，顶部的海拔高度为7050米，坡度平均在五六十度。它像一座高耸的城墙屹立在珠穆朗玛峰的腰部，是通向东北山脊从而登顶的必经之路。

在北坳险陡的坡壁上，堆积着深不可测的万年冰雪，潜伏着无数冰崩和雪崩的槽印，成为珠穆朗玛峰周围最危险的冰崩和雪崩地区，几乎每年都要发生巨大的冰崩和雪崩，千百吨冰岩和雪块会像火山爆发一样喷泻而下，轰隆声在几十里之外都能听到。

英国探险队在这北㘭曾付出过 10 多人死亡的代价。那些幸存的探险家们在后来的回忆录中描写道："此地坡度极大，积雪极深，有深陷的裂缝，行动艰难，特别是经常发生的巨大的块状雪崩，对探险队更是致命的威胁，是从北面攀登埃弗勒斯峰的难关。"

根据征服珠穆朗玛峰的总体规划，中国登山队第二次适应性行军的任务，就是要打通北㘭，到达海拔 7000 米以上的地带。

为了争取时间，3 月 28 日，在登山队完成第一次适应性行军返回大本营的同时，副队长许竞带领着一个由 6 名最优秀的登山家组成的侦察小组，冒着风雪在北㘭开始了攀登。

风雪弥漫，冰坡上时时翻卷起几丈高的雪柱。侦察组的队员们手持冰镐，脚上绑着锐利的钢制冰爪，用尼龙绳连接成一条线，一个跟着一个，攀登在陡滑的冰坡坡面上。

这里正值东绒布冰川的冰区，地形陡险而多明暗裂缝。没有向导，更没有地图，许竞、彭淑力、刘连满等 6 位登山家只有依靠冰镐与双脚来探索冰雪中的道路。如果脚下稍一滑，身体失去重心，一阵旋风就会把人卷到几十丈深的岩底，如果脚正好踩在了裂冰上方的浮雪上，又会坠入无底深渊，更有那雷霆万钧的雪崩，它会把人顷刻埋葬。侦察队员们这回经受着的是九级以上的暴风雪和零下三四十摄氏度的酷寒。从高空刮下的狂风，撞击着岩壁，带着冰渣、雪粒以每秒三四十米的速度回旋着，翻滚着。强劲的风雪打得侦察组队员们双眼不住地流泪，刺骨的寒冷又使得他们全身麻木。但队员们不畏惧、不灰心，彼此鼓励着以每小时 80 米的速度向北㘭顶挺进。

七八个小时之后，侦察队员们在风雪中攀到了海拔 6800 米的地方，挡在他们面前的是一条垂直而狭窄的冰裂缝。这条冰裂缝被中国登山家们称为珠穆朗玛冰胡同，只有竖着从冰胡同深深的底部攀登上去，才能到达北㘭的顶端。侦察队员们斜靠在冰面上作了短暂休息，然后，毫不犹豫地向冰胡同顶端发起了冲击。

许竞、刘大义和彭淑力走在前面开路。他们大胆地使用了冰雪作业与岩石作业相结合的复杂技术，背靠在冰胡同的这一边，双腿蹬在冰胡同另一边，一寸一寸地向上移动。这个动作需要全身用力，尽管是在零下三四十摄氏度的严寒下，不到两三分钟，他们全身就被汗水湿透，呼吸也更加急促起来。

刘大义这天在患感冒，体力相对虚弱。在攀登这个冰胡同的过程中，他因为体力不支，连续3次在中途跌落下来，摔得头晕眼花，浑身伤痛。但他咬紧牙关，又开始了第四次攀登。这个不到30米高度的冰胡同，竟然使侦察队员们奋斗了一个多小时才登到了顶端。

天黑时分，侦察队员们终于登上了北坳。他们在与风雪搏斗的10多个小时里，忍受着寒冷和疲劳，没有吃饭，连水都没喝上一口。

在侦察任务完成后，副队长许竞顾不上休息，又率领一支修路队，在坡度陡峭的冰面上，刨出了一级级台阶，拉起牢靠的保护绳；在宽阔的冰裂缝上，搭起了"桥梁"；在垂直的冰墙雪壁上，挂起金属梯，使得被称为"鬼门关"的北坳，出现了一条路。

4月11日，中国登山队的大部队全体登上了北坳，队长兼政委史占春、副政委王凤桐等4名优秀登山家还继续登到了海拔7300米高处，侦察前面的路线。

生存极限的世界纪录

1960年4月25日，中国登山队打响了攀登珠穆朗玛峰的第三战役。4月29日，全体队员重新到达北坳顶部，跨向了新的高度。

随着海拔的升高，空气越来越稀薄。队员们在新的高度上变得虚弱起来，活动也更加困难。在攀登海拔7400米附近一段直线距离不到20米的岩坡时，他们用了4次才爬了上去。

这时，一道宽阔而陡峭的雪槽阻住了全队的去路。刘连满背负着30多千克重的背包，自告奋勇地走在前头为全队开路。他先撑着冰镐，使自己站稳脚跟，然后又一下一下地在冰上刨出台阶。由于高山缺氧，加上体力的严重消耗，刘连满感到眼冒金星，胸口疼痛得几乎要炸裂，好几次都差点要倒下。但是，当想到大队正沿着他开凿的道路前进时，他还是以巨大的毅力，尽量地加快自己的动作。

经过两天的艰苦行军，登山队的全体队员安全地抵达了海拔7600米的地方。他们在建立了营地进行休整后，在5月2日晚间，队长史占春、副队长许竞和藏族队员拉八才仁、米马又组成了侦察组，连夜向海拔8100米的高度进发。他们打算先建立起8000米以上的第一个营地，迎接后面队员的到来。

严重风化的石灰岩坡岭上，堆积着极易滚动的乱石和岩片，脚踩下去，立刻会陷进乱石缝里拔不出来，如果用力蹬踏，石块就会像冰雹一样滚下，极易使身体失去平衡。为了取得对高山环境的更好适应能力。4 名登山家尽管背着轻便氧气筒，但都没有使用，他们艰难地喘着气，缓慢地移动着脚步。

天完全黑了，四周朦胧一片，只有远处山峦上的积雪发出微弱的白光。刺骨的寒风不住地撞击着山岩，发出凄厉的啸声。登山家们用冰镐试探着道路，用观看星斗的方式辨别着方向。他们的脚步声在山谷的夜空中发出沉重的震荡，高山靴上的钢钉在岩块上敲击出点点火花。终于，他们在午夜时分到达了目的地，在海拔 8100 米的地方支起了营帐。

然而，新的困难几乎将他们逼入了绝境，他们的食品已经所剩无几了。连日来，由于运送物资的队伍遭到风雪的阻挡，登山队员们每天只能依靠几口炒面、几块糖果，维持半饥半饱的生活。对于这 4 位开路先锋来说，在他们奋战十几个小时、肚子饿得咕咕叫唤的时候，却连一点吃的也得不到了。这种情况如果继续下去，整个计划就会被打乱。

藏族队员拉八才仁和米马站起来请求允许他们返回 7600 米的营地去想办法。这两个藏族小伙子整整奋战了一夜，又毅然顶着零下 40℃的严寒，走进了苍茫的夜色之中。

他们在到达 7600 米营地后，极度的疲劳使米马的身体垮了下来，他躺在帐篷里，一动也动弹不了了。但是，运输队仍未上来。王凤桐、石竞和藏族队员贡布连忙把他们携带的总共不足一斤的炒面装好，同拉八才仁一道，在黎明时分赶到了 8100 米营地。

为了进一步确定突击顶峰的路线，第二天上午，史占春、许竞、王凤桐、石竞、拉八才仁和贡布 6 人又开始向更高的高度前进。

在当时的世界航空生理学上，曾把海拔 8000 米以上高度的地区称为死亡地带。据科学界的预测，海拔高度为零的海平面上，空气中氧气分压为 150 毫米水银柱，而到了 8000 米高度，氧气分压只有 46 毫米水银柱，还不到平时氧气含量的 1/3。严重的缺氧状况，会造成人体机能的各种不良反应，甚至死亡。因此，在当时的国际登山界，8000 米是一个高度极限，如果不使用氧气瓶，在这样的高度上生存是难以想象的。

史占春等 6 人在很少使用氧气瓶的情况下，心脏跳动得特别猛烈，但他们仍坚持着，他们要亲自试试人体在死亡地带的反应。

他们踏过白雪皑皑的山坡，走过一条狭窄的山岭侧脊，成功地绕过了珠穆朗玛峰的第一台阶。然后，他们又走上了铺盖有重重叠叠黄色风化石的陡坡。这个陡坡像一根带子围绕在珠穆朗玛顶峰之下，曾让英国探险队吃足了苦头。现在，他们顺利地通过了。

许竞、拉八才仁和贡布三人在海拔 8500 米处停了下来，着手建立中国登山队的最后一个营地——突击营地。

而史占春和王凤桐还不满意他们所达到的高度，决定继续前进，开始攀登被英国登山家认为是"不可攀越"的"第二台阶"。

"第二台阶"是一座陡峭而光滑的岩壁，高度为 30 米，坡度为 70°左右，攀登者在这道岩壁上几乎找不到任何支撑点。这里是 1924 年著名登山家玛洛里和欧文失踪的地方，也是阻挡英国登山队从北坡登顶的最后难关。

史占春和王凤桐匍匐在岩壁上一点一点地向上移动。他们翻过巨大的岩坡，终于在当天晚上 9 时攀登到了海拔 8600 米处的"第二台阶"顶部，这比预定的第三战役计划到达高度高出了整整 300 米。天色漆黑，周围什么也看不见。为了准确地找到突击顶峰的路线，他们决定在这里过一夜，等天明后再进行侦察。为了以防万一，他们决定不用氧气瓶。

史占春和王凤桐用冰镐挖了一个雪洞，两人在雪洞中紧紧挤坐在一起，度过了一个寒风呼啸的夜晚。

这一夜，他们十分沉着地创造了一项在世界登山史上了不起的记录：不用人工氧气，在 8600 米高度安全宿营。

成功登顶

转眼已到了 5 月中，气象预报说，1960 年的雨季将在 6 月初到来，如果不抓紧有利时机，中国登山队向珠穆朗玛峰的第一次挑战将因为雨季的来临半途而废。所以，中国登山家们的第四战是背水一战。在这一年中，他们只有这么一次机会了。

5 月 17 日清晨，绒布冰川河谷上空云雾迷茫，全体登山队员集合在大本营喜马拉雅新村的广场上，参加对突击队的授旗仪式。负责基地营全面领导的韩复东总指挥，亲手把一面代表全中国人民期望的五星红旗和一尊毛泽东主席的半身坐像交给突击队员，委托他们把这面旗帜插上地球之巅，从而向全世界宣布，中国人从自己的国土上登上了珠穆朗玛峰。

13 名优秀的登山家在副队长许竞的率领下，激动地举起了右手，庄严地宣誓——任何困难都阻挡不住我们前进，不征服顶峰，誓不收兵！

他们心里很明白这次授旗的分量，也完全懂得形势的要求和全中国人民的殷切期望。

困难是巨大的，前几次行军过程中发生了较多的人员冻伤，各个高山营地上储备的食品和氧气都有不同程度的消耗，尤其是在 8000 米以上的几个营地，食品与氧气都所剩无几。这是一场冒险程度相当大的突击。

突击队员们在锣鼓声、欢呼声中告别了大本营里的战友，踏上征途，向云雾重重的山岭间挺进。为了节约时间，他们以急行军的速度，三天就到达了海拔 7007 米的第四号营地。23 日中午，许竞带领着 13 名队员赶到了海拔 8500 米的地方，并在这里把突击营地改建在一块极其难得的雪坡上。

5 月 23 日晚上 10 时，从海拔 6400 米处的第三号营地发出了信号：24 日为好天气。这个消息让突击队员们振奋不已。

5 月 24 日清晨，阳光灿烂，朵朵白云环绕着珠穆朗玛尖锥形的顶峰飘荡。9 时半，突击队员们由突击营地出发。在前几次的行军中，副队长许竞一直担任侦察任务，体力消耗过大，这回他只走出 10 米便倒下了。突击队决定由王富洲率领刘连满、屈银华和贡布承担最后登顶的任务。现在，整个中国登山队还能继续冲刺的，只剩下他们 4 个人了。但是，就他们这 4 个，由于经历了一个星期的连续攀登，体力上也有了极大的消耗。

王富洲等 4 人组成的突击组走了整整两个小时才上升了 70 米，来到了"第二台阶"下方。在缺乏体力难以发挥技术的情况下，他们一次次地攀登，又一次次地从"第二台阶"那陡峭的石墙上掉下来，在 5 个小时里，他们经历了十几次的失败。

刘连满又一次自告奋勇充当开路先锋。这位来自哈尔滨的消防员，总是不声不响地寻找最艰苦的事情来干。依次跟在他身后的，是昔日的西藏农奴贡布、地质队员王富洲和林业工人屈银华。他们 4 个人咬紧牙关，慢慢地接近了"第二台阶"的顶部，5 米，4 米，3 米……然而，就这 3 米，又让他们重重跌下来了 3 次。事态变得严峻起来，中国登山队的巨大努力，全中国人

珠穆朗玛冰柱

的期望，眼看要因为这 3 米而付诸东流了。

　　气喘吁吁的刘连满又颤巍巍地蹲了下来，他骤然想起消防队里的一项技术——搭人梯。他要屈银华踩在自己的肩膀上，他要把屈银华托上"第二台阶"。

　　屈银华看了看自己脚下钢牙铁爪的登山鞋，不忍心往自己伙伴的肩上踩，可是为了中国登山队的最后胜利，他又不得不踩。他冒着零下 30℃ 的严寒，不顾被冻掉脚趾的危险，毅然脱掉了登山鞋。他不能踩伤自己的伙伴。

　　刘连满，咬紧牙关站了起来，他已经好久没有吸氧，24 个小时没进食。在这样的高度里，任何一个受力的动作都会给身体招来极其难忍的反应。他气喘急促，眼冒金星，两腿剧烈地打颤。这个普通的共产党员，这回已决心拼掉这条命了。他使足了全身的劲，支撑着，支撑着……然而，刘连满已经站直了，屈银华却还是够不着顶。于是，刘连满又用双手默默地举起冰镐，满含热泪的屈银华又站在了镐头上。这又是一项奇迹，刘连满在极度疲倦的情况下，在高度缺氧的 8500 多米海拔上，竟然迸发出如此惊人的力量：用自己的双臂，把同伴举上了"第二台阶"。

　　屈银华上去了，他用那根连接着 4 个人的登山索，把同伴一个个地拉上了"第二台阶"。然后，4 个人稍事休息。

　　太阳已经偏西，他们却还有 280 多米高度的攀登路程。在这最后的路途上，在体力虚弱和严重缺氧的情况下，进行黑夜高山攀登是具有很大危险性的。但是，为了在雨季以前的最后一个好天气周期内征服珠穆朗玛峰，他们只有冒险前进。

由于在征服"第二台阶"时，刘连满一连顶起了屈银华等伙伴，体力消耗太大，又得不到食品补充，他的行动越来越迟缓，走不了几步就要坐下来或躺下来休息。这样，在他们终于到达海拔8600米时，大家坐下来开了一个简短的会议。

情况很不妙：食物只剩下了几颗水果糖，但是大家已有30多个小时没吃到粮食了；全部的氧气含量只剩下80多公升，肯定不够用；刘连满已无法前进，大家的体力消耗也已经过大，再拖下去，有全军覆没的危险。为此，会议果断地决定，刘连满留在原地，把所剩的几块糖和80公升氧气全留给他，让他尽快恢复体力，其余的三人，则冒着黑夜的严寒继续前进。

刘连满为了不拖累全组，同意留下，但是，他坚决不同意把食物和氧气全留给他。他说："我留在原地不动，体力消耗就少，你们比我更需要氧气和糖，快走吧！祖国和人民还在等着你们的好消息！"

王富洲顿时泪水纵横。他对刘连满说："连满，安心休息，等我们回来再一起下山！"他又回头对贡布和屈银华说："不管情况多么严重，我们只有前进的义务，而绝没有后退的权利，前进！"

他们拥抱了刘连满，转身消失在寒风呼啸的黑夜之中。

雪坡越来越滑，王富洲、贡布和屈银华改道经东北方向的岩石坡向主峰突击。他们翻过两座坡度在60°以上的岩石坡，又开始攀登一座岩壁。贡布上前开路，不到几分钟就累得浑身颤抖。于是屈银华上前接替贡布，他经过了很长时间才前进了两三步，忽然两腿一软，又滑了下来。最后，又换上了王富洲，这才总算开出了前进的路。

夜色浓重，珠穆朗玛山岭间朦胧一片，只有峰顶能看出隐约的轮廓。为了防止意外，3名登山家都匍匐着前进，凭借雪光辨认前进的道路，终于上升到了海拔8620米。

夜深了，远处山下一片漆黑，点点星光在空中闪耀，珠穆朗玛顶峰的黑影在他们的眼中变得低矮了。然而，就在这个时候，他们带着的氧气全部用完了。

王富洲站在岩坡上沉默了一会儿，然后郑重地说："我们三人担负着攻克主峰的任务。氧气没有了，继续前进可能有生命危险，可我们能后退吗?"

屈银华和贡布异口同声回答："继续前进!"

3位中国英雄毅然甩掉氧气瓶，开始了人类史上从未有过的危险历程。

现在，他们每前进一步就不得不停下来休息很长的时间。严重的缺氧，使他们头晕、眼花、气喘、无力，甚至越过一块一米高的岩石，也要花掉半个多小时。他们互相扶持着、鼓励着，顽强地坚持前进。突然，走在最前边的贡布停了下来。

"怎么啦? 贡布。"王富洲问。

"到啦! 到啦!"贡布放声喊了起来，"再走，就要从南面下山啦!"

珠穆朗玛峰首次北坡登顶

"哇，到啦!"王富洲、屈银华相继赶了上来。

3名中国勇士在零下30℃的气温下，登上了世界最高峰。他们流着激动的热泪展开了五星红旗。

他们在峰顶停留了15分钟。贡布从背包里拿出毛泽东主席的半身石膏像，把它和五星红旗一起放到顶峰东北边一块大岩上。

喜马拉雅的黄金时代

在英国队征服珠穆朗玛峰之后仅34天，以喜马拉雅山的南迦帕尔巴特峰为目标的登山活动又拉开了战幕。

征服这座"吃人的魔鬼山峰"，对于德国人来说具有特别重大的意义。人们清楚地记得，从1895至1950年，德国有26位登山者葬身在这里。为此，德国登山界立誓要征服这座"吃人山"，以告慰地下的亡灵。

1953年6月29日，一支高度专门化的德国登山队向南迦帕尔巴特峰出发，领队的是卡尔·赫尔力高佛博士。在赫尔力高佛博士的登山队中，还有一位胆大技高的攀岩能手——奥地利人赫尔曼·保尔。

登山队花了整整 8 个星期的时间，才来到那个名叫吉尔巴札提鲁的坳口。这里尽管离峰顶只有 600 米的距离，却正是当年麦克尔等 5 人牺牲的地方。全体队员这时都已疲惫不堪，状态稍好一点的，只有保尔和另一位名叫欧得·詹布克的登山家。赫尔力高佛博士选定他们两个为最后进军顶峰的人选。

夜色已深，两位担任突击任务的探险者却为什么时候出发而争执着。詹布克表示应按计划在凌晨 3 时出发，保尔则坚持立即摸黑攀登。性急的保尔随后发现，再争下去是没有结果的，于是他打点行装，独自一人走进夜幕之中。

詹布克考虑了一阵，随即走出突击营地去追赶保尔。然而，保尔的速度太快了，詹布克追了一阵后，感到力不从心，只好放弃了努力。这时，保尔已经顺利到达东边冰冻得坚硬如铁的斜面上，开始向顶峰冲击。

经过近 20 个小时的连续奋战，保尔终于登上了"吃人山"的峰顶。此时，保尔的体力消耗已达极限，严重的缺氧使得他的心跳变得狂乱。为了留下胜利的证据，他竭尽全力爬起来，拍下山顶的照片。太阳西沉，归途一片模糊。保尔试了一下，发觉已不可能连夜返回营地，因为他的身体状况根本无法保障自己过陡坡和裂缝时的安全。而且没有帐篷，没有睡袋，保尔陷入了进退两难的境地。他在峰顶四周寻找露宿的地点。这一夜，他竟然是在海拔 8000 米以上的严寒中露营度过的。在迫不得已之中，保尔创造了一项世界登山史上的奇迹。

第二天，遭受严重冻伤的保尔从峰顶回到了营地。他的脸扭曲变形，身体完全呈虚脱状态，然而，他的内心却充满了成功的喜悦和骄傲。他，赫尔曼·保尔，一个单独行动的奥地利人，单枪匹马地完成了几十个德国人半个多世纪未能完成的事业。

也是在 1953 年，另一件证明人类最大耐力的攀登活动开始了。这次的目标又是乔戈里峰——一座让美国人梦魂萦绕的巨峰。

曾在 1938 年任美国乔戈里峰登山队队长的查理斯·赫斯顿博士，1953 年再次率队向乔戈里峰挑战。这支队伍中包括 7 名美国人和 1 名英国人。

赫斯顿等人来到著名的阿布鲁齐山脊下方，花费了将近两个月的时间尽力攀登。但是，他们没能碰上像保尔攀登南迦帕尔巴特峰那样的好运气。当

乔戈里峰

一行人到达海拔 7800 米高度时，遇上了强劲的暴风雪。这场暴风雪整整刮了一个星期，等到它终于停歇时，年轻的队员杰基却患上了脑血栓。杰基脚部的血液已完全凝固，再也无法站立和行动了。

为了争取时间，同伴们给杰基做了一副担架，准备将他从斜度很大的冰面上运下山去。这是一件十分困难的工作，7 位登山家商量后，决定两个人在前探路，两个人抬担架，两个人在后面稳住，还有一个人则负责前后的联络工作。

时间一刻刻地过去，营救杰基的工作越来越艰难，也越来越显得勉强。就在这紧要关头，天气变坏了，风雪大作，行途迷茫。突然，登山家培鲁一个踉跄滑倒了，向深谷滚坠。培鲁的绳子又把另一端的史垂瑟也拖向深谷，绳子牵扯着，又将赫斯顿与培兹两人拖过去吊在山谷的悬崖上，接着又缠住了摩纳鲁、杰基和休宁古，幸亏休宁古把冰镐深深打进冰雪层中，摩纳鲁才得以暂时稳住。

所有人的生命都系在了休宁古的身上。在这岌岌可危的时刻，休宁古咬紧牙关，竭力地支住同伴们的体重……他们总算化险为夷，保住了性命。他们回到了山脊上，然后将杰基固定在坡面上，就在附近的岩棚中过夜等待天明。天亮了，他们醒来后惊愕地发现，杰基连同他躺的担架不见了，他是被夜间的一场雪崩冲走的，再也找不到了。

这批劫后余生的队员带着过度的疲劳和满身伤痛撤下了山，他们征服乔戈里峰的努力失败了。

乔戈里峰的初登胜利到底没有属于美国人。1954 年，由阿尔太多·提兹欧率领的意大利登山队抢先征服了这座巨峰。当然意大利人的胜利也来之不易，他们不但历尽艰险，而且也付出了一名队员生命的代价。

1955 年以前，至少有 7 支登山队对世界第三高峰干城章嘉峰产生了兴趣并发起挑战，但最后都失败了。

在 1955 年，英国登山家查理士·艾文斯指挥有最新式装备的队伍进取干城章嘉峰。他们凭借英国登山队征服珠穆朗玛峰的余威，依靠新式的航空摄影、无线电通信系统、三种氧气装备（开发式、闭锁式和睡眠专用式）以及队员们的技术和经验，以破纪录的速度突破了山麓附近的几道难关。但是，在从雅龙冰河到达"大伽蓝"雪田时，他们遇到了很大的麻烦，为此，他们花了 6 个星期的时间，施展出高超的岩壁攀登技术，最后，终于征服了这座海拔 8598 米的巨峰。

事实上，英国队到达的地方距离顶峰还有好几米，原因是锡金人认为这座山的顶部是圣地，所以，锡金政府要求登山者不要触犯他们民族的神灵。一直到今天，这座世界第三高峰的真正顶端，还没有留下过人类的足迹。

在这以后，世界上其他几座海拔 8000 米以上的巨峰，都陆续遇到了强劲的挑战者。在连续十几年中，喜马拉雅群峰上捷报频传。

1954 年，奥地利登山家征服了世界第 8 高峰卓奥友峰（海拔 8153 米）。

1955 年 5 月 15 日，法国登山队登上了海拔 8481 米的世界第 5 高峰——马卡鲁峰。

1956 年 5 月 9 日，日本人成功地征服了海拔 8156 米的世界第 7 高峰——玛纳斯鲁峰。

1956 年 5 月 16 日，瑞士登山队在登上珠穆朗玛峰的同时，征服了珠穆朗玛峰的姊妹峰海拔 8511 米的世界第四高峰——洛子峰，创造了一个队在同一个时期成功攀登两座 8000 米以上高峰的记录。

1956 年 7 月 7 日，奥地利登山队登上海拔 8035 米的加舒尔布鲁木 II 峰，这是世界第 13 高峰。

1958 年 7 月 5 日，美国登山队成功地征服了海拔 8068 米的世界第 11 高峰，它位于喀喇昆仑山上的加舒尔布鲁木 II 峰。

1960 年 5 月 13 日，瑞士登山队首次登上海拔 8172 米的达拉吉利峰。

1964 年 5 月 3 日，10 名中国登山家登上了最后一座 8000 米的巨峰——希夏邦马峰。

在这个"喜马拉雅的黄金时代"里，人们征服了 8000 米以上所有的高峰。在这个时代里，继英国人以后，瑞士人、中国人和美国人都先后登上了地球之巅，人类登高的勇气与能力，在世界第一高峰上，多次得到了显示和验证。

喜马拉雅的白银时代

"喜马拉雅的白银时代"开始于 1964 年的 5 月，当中国登山队胜利地登上完全坐落在我国境内的惟——座 8000 米的高峰——希夏邦马峰之后，地球上海拔 8000 米以上的 14 座高峰的开拓式的攀登时代已宣告胜利结束，从而迎来了又一个新的高山登山时代。

这一时期的主要特点是，各国高山健儿在过去攀登七八千米以上高峰的活动中积累了丰富的经验，在这个基础上，他们将从 14 座 8000 米高峰的各个不同的角度和路线上继续创造难度更大的攀登路线和人数上的纪录。这主要是因为，地球上已不存在比海拔 8848 米更高的山峰和 8000 米以上从未有人攀登过的"处女峰"了。这是整个"喜马拉雅的白银时代"高山登山运动项目发展的总趋势。

"黄金时代"的完美谢幕

艰苦训练

1964 年春天，已经从北坡首登珠穆朗玛峰的中国登山家们，率先组队来到希夏邦玛峰下，决心一举征服这座对全世界人们来说都十分陌生的山峰。

中国登山家在攀登希夏邦马峰之前，制定了非常严格的安全保护措施。中国登山家的目标不仅仅是征服这座最后的处女峰，而且还要为世界登山运动创造一个安全的范例。

希夏邦马峰是一座多冰雪覆盖的巨峰，几乎有 3/4 的路线是冰雪地区，而且，有一半左右是陡坡。针对这个情况，中国登山界在积雪的天山，为来自全国各地的登山运动员组织了十分系统的训练。

这是一种极其艰苦的训练，要练保护技术，首先要设置一些险情：正在冰坡上行进的队员，突然向下滑坠了；正在裂缝跨越的队员，突然向无底的深渊陷落……除了险情制造者以外，这些情况对所有的保护者都是不可预测的。一天练习下来，有的人摔得鼻青脸肿，有的人双手被登山绳勒得血痕累累。

希夏邦马峰的另一个特点是攀登路线长，总共达 36 千米，比世界第一高峰珠穆朗玛峰的路线长得多。加上大风与严寒，如果没有足够的体力是无法适应的。为了更好地结合专项并争取时间，中国登山队又于 1963 年 9 月开赴山城重庆，开始了为期 4 个月的强化素质训练。重点是提高队员的肩、背、腰负重力量，增强下肢的耐力和上肢的拉力与握力。在实际的登山中，运动员们负重量是 15～24 千克，而在训练中，他们则经常背着 31 千克重的石头，连续进行六七天、每天 6 小时负重行军。为了适应高山缺氧的环境，训练项目中又增加了水下憋气和潜泳。手指力量的练习，也从随时捏小皮球、做引体向上，发展到用指头钩住建筑物的砖缝把身体及背包重量悬在上面，比赛谁坚持的时间长。

步步为营

如果想从资料和地图上寻找攀登希夏邦马峰之路，那是白费工夫，因为当时人类对于希夏邦马峰还一无所知。在四顾茫茫的冰檐雪脊间，在巍峨的峻石峭壁前，哪里是通向峰顶的安全道路呢？

在中国登山队的大队人马进入希夏邦马峰以前，寻找攀登路线的艰苦工作就已开始。那是在青藏高原的寒冬，中国第一支登山侦察队的第一侦察组由登山家刘连满率领来到了希夏邦马峰。他们访问了山区许多牧民与猎手，足迹踏遍巨峰的东南西北，对山势走向和地形特点进行了初步的观察。

紧接着，第二侦察组登上希峰对面的一座海拔 6000 米的秃山头，从这里向西瞭望，在它的山谷里发现了一条 15 千米长的冰川，这很可能是一条天然的攀登路线。然后又沿这条冰川上行，到达了海拔 5800 米的冰塔区。他们又沿着希夏邦马峰西北面的冰雪台地向上攀登，穿过宽阔的裂缝，踏着一尺多深的积雪，上到了海拔 6500 米的冰雪台地。这一回，他们从巨型望远镜里，发现了一条可能通向顶峰的路线。

在此之后，以登山家阎栋梁为首的第三侦察组为最后确定攀登路线又作了侦察。这次他们却碰上了十分恶劣的气候，寒风大作，从清晨一直刮到深夜。阵阵雪粒，好似利刃在刺割。道路凶险莫测，时而坚冰，时而松雪，队员们深一脚浅一脚，经历了千辛万苦，终于穿过冰雪走廊，攀上陡滑的冰坡，最后登上了海拔7160米的高度。这里距离顶峰只有800多米了。

这样，一条连贯希夏邦马北坡的可能攀登的路线出现在大本营里的规划图纸上。

路线大致确定以后，接下来的是运输和建营任务。

根据事前的计划，登山家许竞首先率领一支运输分队向上进发。他们的任务是以两次行军，完成海拔6900米以下各营地的建设及物资运输任务，为以后的总进攻作好准备。

许竞等登山家首先在海拔5300米的地方设立了一号营地。第二天，他们继续上攀拐过一道山弯，到达了野博康加勒冰川的侧碛（冰川两旁由碎石和泥构成的物质）。在这以后，道路一下子变得艰险万分。左面是几十丈深的山谷，奇异的冰峰雪塔峭然耸立，宛如一片冰雪森林，如果稍有差错就会滑入这个"森林"而粉身碎骨；右面是一片倾斜度很大的岩石坡，冰川运动遗留下来的巨块岩石，犬牙交错，使登山家们不得不迂回前进。

第一步的登山任务顺利完成，但是，这对于征服希夏邦马峰的全部行动来说，仅仅是个开始。

在大本营里，登山队队长、著名登山家许竞坐在一幅巨大的天气图面前，把要点一一记录在笔记本上，又陷入了沉思。

现在已经是4月14日，按照计划，一支高山物资运输队正在海拔5800米的第二号营地待命。一旦出现好天气，他们就立即攀向海拔7000米以上地区，在海拔7500米和7700米的地方分别建立第五号高山营地和最后的"突击营地"，为最后的胜利创造条件。目前，天气图上所有的符号和标记都清楚地表明，适宜登高的好天气将在两天后出现。

多次登山的经验告诉许竞，在海拔7000米以上的地段行动，必须巧妙地利用好天气。因此，根据气象预测，那支运输队必须立即出发，先登上海拔6900米的第四号高山营地待命。不巧的是，偏偏在这个关键时刻，与运输队的无线电报联络出现了故障。

不能再等了，为了整个登山战役的顺利进行，必须派人火速把命令传达到二号营地的运输队里。

13时3分，藏族队员洛桑庆与巴桑加布领命出发，开始向二号营地攀登。行程弯弯曲曲，路面坎坷，他俩的头开始胀痛，两腿又酸又麻。但是，为了及时把命令送到，他们争分夺秒，仅用了4个小时便完成了传令任务。

在二号营地面前的岩石坡上，登山队副政委王凤桐立即开会传达行军命令，并且做了周密的安排。18时15分，这支40人的运输队向冰雪世界进发。天下着大雪，暮色正在逼近，能见度愈来愈低，不久，队员们连自己的脚印也看不清了。队伍上攀到海拔6000米的陡坡时，风渐渐地停息下来，雪却下得更大了。没有月光，没有星光，浓重的夜色下，只有登山队员们手电筒射出的点点微光，前进方位、坡度和地形特点都隐没在手电光无法射到的无边黑暗之中。40名勇士挽紧结组绳，一个挨一个，一步跟一步，硬是凭着冰镐和双脚的触觉，谨慎地前进。

突然，一道光亮从人们的脚下闪过。接着，冰镐的钢尖又吐出刺眼的火苗。手一举，手指竟然现出色彩，口一张，连呼吸也带着恐怖的白光。离奇的光亮在夜空中忽闪着，变幻莫测，让人头晕目眩。这是高山上常有的一种静电现象，尽管危险，但惧怕是没有一点用处的。

4月15日北京时间0点，这支运输队到达了雪坡的顶部。从地形上判断，这里是海拔6300米的第三号高山营地。由于黑暗与大雪的干扰，队员们无法找到三号营地的帐篷。这时候，旋风开始袭来，气温降到了零下20℃。王凤桐认为，如果在这里露营，很可能会发生伤亡。于是，他果断地决定，连夜返回二号营地，天亮后再重新出征。

4月20日，经过艰苦奋战的队员们终于背着重负越过了狭窄的冰雪走廊，登上了海拔7000米以上的东北山脊。他们赶上了一个少有的晴天，然而这里的道路却比任何地段都更艰难。就在他们的右侧，是那危耸的山脊，左侧是通向山麓的几十丈高的雪坡，中间则是一条坡度为40°的"龟背"。突兀的岩石上，覆盖着点点白雪，滚动的石块与松雪，使他们每跨一步都有失足的危险。

在接近海拔7400米的地方，一块巨大的危岩阻挡住了他们的去路。优秀登山家阎栋梁试图登上岩石的顶端，固定一根尼龙绳以便于大队通过。他双手插进岩缝，用脚踏住岩边一点一点地上移。然而，他一连登了4次都摔了下来，跌得他四肢酸软浑身疼痛。阎栋梁望望身后的同伴，咬紧牙关第五次攀上去。这一次顽固的危岩终于被他踩在了脚下。他们成功地战胜了困难，取得了胜利。

奋战了12个小时以后，40名队员全部到达海拔7500米的地方，建立了第五号高山营地。

4月21日，30名队员从刚建立的第五号高山营地出发，继续负重前进。他们的前边，巨大的冰崩区在闪闪发亮，连绵不断的尖锥形冰柱成了不可攀越的"刀山"。坡度大到50°以上，艰难的道路使队员们不得不分成两组，轮流在前面进行刨出冰台阶这项十分艰苦的工作。在这一过程中，登山家刘大义率领他的小组表现出了超人的毅力与能力。他们在许多极端困难的地段，凭着扎实的基本功，打通了道路。5个小时之后，30名队员全部到达海拔7700米的赭色石塔附近。又经过两个小时的紧张奋斗，一座进攻希夏邦马峰的最后"桥头堡"——突击营地终于建立起来了。

一战成功

1964年4月25日拂晓，朦胧的曙光出现在东方的天际，中国登山大本营的人们，在淡青色的晨雾中用松柏和树枝搭起了高大的"出征门"。

上午10时，由6名汉族登山家与7名藏族登山家组成的突击队来到大本营帐篷外的高山草场上。他们由队长许竞、副队长张俊岩和副政委王富洲带领，面对五星红旗庄严宣誓："悬崖峭壁挡不住我们前进的脚步，狂风大雪只能使我们更加奋勇向前。为了党的荣誉，为了祖国，我们誓把五星红旗插上峰巅！"

迎接突击队的依然是漫天的风雪和刺骨的寒风。队员们在三天的时间里不停地跋涉，越过野博康加勒冰川，突破希夏邦马峰下陡滑的"冰塔防线"，到达了海拔6300米的第三号高山营地。然后，他们在被冰雪掩埋的帐篷里，度过了一个恐怖的风雪之夜。

5月1日，突击队员终于到达了海拔7700米的"突击营地"。这一次，他们碰上了好运气，从大本营传来的消息说：明天，5月2日上午，是一等的好天气，可以突击顶峰。

队长许竞立即召集支委扩大会。会议决定，5月2日，全体突击队员4时起床，6时开始向顶峰发起总攻。

出发的时间快到了，队员们走出帐篷。寒风迎面扑来，他们不由得打了个寒噤。这时，天色明亮了一些，路线也清晰起来。大家绑好冰爪，背上背包，结好组绳。在零下30℃的严寒里，静静地等待着队长的出发命令。

6时整，许竞发出命令："现在，让我们冒着严寒，向海拔8012米的顶峰前进！"

突击队员们结成了3个绳组，由优秀登山家邬宗岳在最前面充当开路先锋。天色又昏暗起来，道路时明时暗，大家不得不时时打开手电筒照路。在陡峭的硬雪坡上，冰雪世界异常地寂静。大家互相扶持着，缓慢地前行。

队员们到达海拔7800米的高度时，东方开始出现了鱼肚白。天气更冷了，大家尽管穿着高质量的羽绒服，仍然不住地打战。晨雾中，脚下露出发亮的冰层，冰爪发出刺耳的咔喀声。渐渐的，一个巨大的冰坡拦阻在他们的面前。冰坡的上方，是一条山脊的边缘，下方则是几十丈深的峡谷，冰坡的倾斜度在50°以上。突击队必须从这个冰坡上横切过去。

由于通过的人多，临时刨成的冰台阶渐渐地缺损。副政委王富洲在上到一半时，突然脚底打滑发生了滚坠。

"保护！"经验丰富的王富洲没有因突发事件而惊慌失措，而是十分冷静地发出信号，同时立即开始自救。王富洲在身体飞速滚落约20米时，突然感到系住身子的登山索猛地一震，他被拉住了。王富洲休息了一会儿，又开始向上攀行。

行军的队伍走得越来越缓慢，随着高度的增加，每跨一步都变得更加艰难了。强烈的阳光和冰雪交相辉映，登山家虽然都戴着高山墨镜，却仍然感到金光耀眼。他们满头大汗，呼哧呼哧地喘着大气，似乎全身的力气都已经用尽了。队员们越过了一个巨大的冰瀑区，又开始攀登一个坚硬光滑的冰坡。严重的缺氧已经成为队员们的头号敌人。他们虚弱的身体在恶劣的地形条件下正经受着空前的考验。在他们终于爬完冰坡进入有齐腰深积雪的雪脊时，几乎完全动弹不了了。

"顶峰！顶峰！"

从山脊上传来了队长许竞惊喜的喊叫声，这声音对于后面的队员来说，无异于一支兴奋剂。大家忽然感觉浑身来了劲，脚步也加快了。这个在几十里之外就吸引着他们视线的"尖顶"消失了，现在，出现在他们面前的，只不过是一个微微隆起的小雪包。

太阳升起来了，高空风速加大到每秒 25 米以上，吹得人们喘不过气，走不稳路。然而，队员们互相鼓励着，前进着。他们绕过一个蘑菇状的雪檐，走过一段积雪的山脊，脚下的面积越来越小，眼前的世界却越来越宽广。10 位登山家鱼贯而上，到达了一座平坦而微隆的三角形冰雪坡的顶部。这里，便是海拔 8012 米的希夏邦马峰顶。

队长许竞背着猛烈的高空强风取出报话机向大本营报告："10 名队员于 1964 年 5 月 2 日上午北京时间 10 点 20 分胜利登上希夏邦马顶峰。"登山家们欣喜若狂，他们展开鲜艳的五星红旗，让这面代表伟大祖国的旗帜在寒风中飘扬……

中国人，中国人，夺取了最后一个 8000 米！这消息和 10 名胜利者的名字——许竞、张俊岩、王富洲、邬宗岳、陈三、多吉、云登、米马扎西、成天亮、索南多吉一起，跨越千山万水，传遍了全世界。

中国登山队攀登希夏邦马峰的胜利，以其周密的组织调查和高度的团队合作，为世界登山运动树立了一个安全的典范，也为喜马拉雅的"黄金时代"打上了一个漂漂亮亮的句号。

不仅如此，中国的电影工作者还拍摄了一部完整的纪录片《探索希夏邦马峰的奥秘》，生动直观地把喜马拉雅 8000 米高峰的景况展示在世界人民面前。

通过实地测量，测绘工作者确切地计算出希夏邦马峰的高度为海拔 8012 米，而不是过去国际通用的 8013 米。这一米之差是中国科学家历尽千辛万难取得的，是中国测绘工作的一个重要成果。

攀登希夏邦马峰的胜利和大量科学考察成果的取得，使得中国人在世界登山史上占据了一个继往开来、承上启下的重要地位。

▌▌巾帼英雄登上地球之巅

20 世纪 70 年代，是世界女子登山运动突飞猛进的年代。

早在 1943 年，德国女登山家迭林法斯与男同伴们一起登上了喜马拉雅山上海拔 7315 米的希阿堪利西峰，成为当时世界上第一个突破海拔 7000 米高度的妇女，获得了"全世界最高妇女"的荣誉称号。1955 年，由法国著名女登山家科根率领的一支法国女子登山队来到喜马拉雅山，这是人类历史上到过喜马拉雅山麓的第一支女子登山队。在那次活动中，科根本人与一名尼泊尔的高山向导登上了海拔 7456 米的加涅斯峰，刷新了当时的女子登山高度记录。

在此以后，雄心勃勃的科根开始积极地准备，立志要征服海拔 8000 米以上的巨峰。在进行了严格而艰苦的训练之后，1959 年 5 月，由她组织的 9 名女登山家离开巴黎来到喜马拉雅山区。这次，她们的攀登目标是海拔 8153 米的世界第八高峰——卓奥友峰。不幸的是，这次充分显示女性勇气的挑战却以一场灾难为结局。在海拔 6500 米的高度上，这些分别来自法国、意大利、德国和瑞士的女中豪杰遇到了特大雪崩，队长科根与三名女队员和四名尼泊尔向导遇难牺牲。

女登山家们在卓奥友峰的悲惨遭遇，引起了全世界舆论的争议。在当时的欧洲登山界，有人提出了这样的问题：妇女到底能登上海拔 8000 米高峰吗？

1961 年 6 月，中国女登山家潘多和西绕开始向这一目标迈进。她俩同时随中国女子登山队冲击帕米尔第二高峰公格尔九别峰，征服了一层又一层的冰雪天梯，最后完成了登顶，把 1959 年由中国女登山家创造的海拔 7546 米的世界女子登山高度记录，又提高了 49 米。但是，却仍然没有突破 8000 米大关。

20 世纪 70 年代以后，世界女子高山登山有了新的突破。1970 年 5 月，参加日本山岳协会组织的第一支日本珠穆朗玛登山队的女队员渡边部节子，曾到达海拔 7985 米的珠穆朗玛峰南坡的"南坳"附近。

1973 年 5 月 1 日，由德国、瑞士和奥地利三个国家的高山运动员组成的 7 人登山队，成功地登上了海拔 8156 米的世界第 7 高峰马纳斯卢峰。而在登顶的 4 名征服者中，有一位是 30 岁的德国女登山家哈·施玛兹。施玛兹突破了 8000 米大关。更让人兴奋的是，她和男队员们一样，创造了一项自始至终不使用氧气装备而攀上 8000 米高峰的奇迹。

施玛兹的成功，使日本女子登山界大受鼓舞。1974 年秋，以石黑恒为队长的日本女子喜马拉雅登山队有森美枝子（33 岁）、内田昌子（24 岁）和粟林直子（24 岁）三位女队员登上了一年前施玛兹登上的马纳斯卢峰，创造了三位女性同时登上海拔 8000 米的人数记录。

1975 年全世界的女登山家们迎来了"国际妇女年"。日本、波兰、美国等国的登山界为了纪念国际妇女年，更为积极地组织女子攀登高山的活动。

在"国际妇女年"的春天，以 42 岁的久野英子为首的日本女子登山队来到尼泊尔境内的珠穆朗玛峰南坡下，开始向世界最高峰挺进。5 月，这支女子登山队因雪崩遭到了巨大的损失。但是，英勇的日本女性凭着其坚韧不屈的精神向珠穆朗玛顶峰发起了又一轮冲击。最后，36 岁的副队长田部井淳子如愿以偿，她和雪巴族向导安则林在 5 月 16 日同时站在了世界第一高峰的顶点。田部井淳子，是世界上第一位征服珠穆朗玛峰的女性。

仅仅过了 11 天，36 岁的中国女英雄潘多克服了零下 30℃的风雪严寒，成为从北坡登上"地球第三极"的第一位女性。同时，潘多还与 8 位男同伴一道，创造了在珠穆朗玛峰顶停留 90 分钟的世界纪录。

亚洲女性的辉煌业绩使世界妇女界欣欣鼓舞，也让欧洲的女登山家们站到世界最高处的渴望更加强烈。1978 年 10 月 14 日，参加德国、法国珠穆朗玛峰联合登山队的波兰女队员婉达·鲁特凯维奇与男同伴一起经历了艰苦奋战，终于从东南山脊登上顶峰。1979 年 10 月 2 日，德国珠穆朗玛登山队的著名女登山家施玛兹也实现了她多年的夙愿，登上了珠穆朗玛峰。遗憾的是，这位杰出的女性在下山时由于严重的高山病，最后牺牲在归途中。

在 70 年代，田部井淳子、潘多、鲁特凯维奇和施玛兹这 4 位优秀的女性，一起被登山界誉为"全世界最高的四位女性"。

▌▌▌地球之巅有多高

20 世纪 60 年代后，世界各国登山运动的水平有了很大的提高。越来越多的登山队把珠穆朗玛峰当作最大的目标，珠穆朗玛山麓不但未曾冷落，反而更加热闹了。

在老一代登山家功成名就之后，年轻一代探险者也跃跃欲试，他们要证明自己"青出于蓝而胜于蓝"。

为了再向世界最高峰进军，中国登山队经过了一年的准备，包括侦查路线、队员的选拔与训练，以及一系列食品与装备的制作。

这次，中国登山队所走的，依旧是东北山脊路线。1975 年 2 月底，中国珠穆朗玛登山队的队员带着各种装备、食品分批离开北京，来到了珠穆朗玛峰的北坡脚下。

经过侦查发现，珠穆朗玛峰的情况与 15 年前相比，已大有改变——原来的绒布寺，这时成了一片废墟。从前这里经常有野马、野羊出没，现在几乎绝迹。最使人惊讶的是，天险北坳也换了景象，它比以前更加险峻。大自然用冰雪把北坳改造成一道晶莹的冰雪陡坡，在海拔 6800 米附近，堆积着不久前崩落下来的巨大冰块；6900 米一带，则耸立着一道直达北坳顶部的冰墙，以及纵横交错的冰裂缝。

针对这些新情况，中国登山队总部决定，先派出由十几个教练员和年轻队员组成的侦察修路队，作第一次适应性行军，前往北坳侦察与修路。

3 月 21 日中午，侦察修路队在北坳脚下 6600 米高度的茫茫冰雪中扎营。次日，队员们出发，在零下 20℃的严寒中，一步步地在冰坡上凿出台阶。等到这项工程进行到一大半时，大家发觉这里不适合大队行军，于是果断放弃已基本开好的道路，另找突破口。

由于在高山缺氧的状况下连续高强度作业，队员们的体力消耗极大。几个小时后，当他们终于把一条"之"字形的道路修到 6800 米高处时，一位名叫巴桑次仁的藏族队员掉进了深不见底的冰裂缝。然而，机警沉着的巴桑次仁没有惊慌，他十分冷静地用背和双脚紧紧地抵住裂缝的两壁，并且牢牢地拉住绳子，使得同伴们有时间赶来营救，避免了一场恶性事故。

侦察修路队架起金属梯，插上路标，又在零下 30℃的寒风大雪中攀越近乎直立的冰墙。他们终于登上了北坳。

4 月下旬，登山队决定利用 4 月底出现的好天气，进行第四次行军，并突击顶峰。这一回，中国登山队派出了两支突击队，分别于 24 日与 26 日从大本营出发。

28 日，当第一突击队在攀登到北坳 7400 米风口时，突然遇到了漫天大雪与十级以上的大风。为了避免伤亡，大本营命令两支突击队立即停止突击，下撤到 6500 米的营地待命。

　　三天以后，天气好转，两支突击队又开始向上挺进了。5月4日和5日，33名男队员和7名女队员先后到达了海拔8200米营地。行军中，42岁的中国登山队的副政委、著名登山家邬宗岳的体力已明显不支。这位曾在珠穆朗玛峰和希夏邦马峰荣立战功的登山英雄，这次作为突击队的领队，他还比别人多背一部电影摄影机、一架照相机和一支信号枪。为了制订行动计划，他在海拔6000米营地里一夜未眠，在七八级的大风中，经常是爬行而上，加上严重的高山反应，使他筋疲力尽。但是，他坚持着，并且还随时端着摄影机，拍摄队员们攀登的镜头。

　　到达8200米营地后，邬宗岳顾不上休息，一边点燃煤气炉，为队员们熬汤，一边鼓励女队员们要坚持到底，争取创造世界女子登山记录。5月5日，邬宗岳的心跳达每分钟200多次，然而他仍然坚持走在队伍的前头。为了拍摄女队员们的攀登镜头，邬宗岳离开结绳组，走到全队后边去摄影。就在这时，他突然滚坠，落入了万丈深谷。

　　几个小时后，同伴们在海拔8500米的地方发现了背包、冰镐、氧气瓶和摄影机，背包旁的悬崖处还有物体向下滑坠的痕迹……

　　邬宗岳从此不见踪影。他牺牲了。

　　队员们怀着无比悲痛的心情，在8600米的营地度过了一个沉寂的夜晚。

　　5月6日，珠穆朗玛峰8000米以上地区刮起十级以上大风。突击队员们无法行动，只能待在营地里。高山旋风愈刮愈烈，队员们在突击营地整整生活了13天，体力消耗极大，氧气与食品也快用完了。在无可奈何的情况下，大本营发出了撤回到山下的命令。第一次突击就这样失败了。

　　中国登山家们并没有因为失败而丧失信心，他们准备在5月下旬雨季到来之前再次冲击顶峰。为了争取时间，总部决定把8200米的高山营地和8600米的突击营地分别提高到8300米和8680米。

　　5月17日和18日，撤回大本营还不到一星期的15名男队员和3名女队员再次出发，向顶峰冲击。

　　正在这时，传来了日本女子登山队副队长田部井淳子首次经南坡创造女子登上珠穆朗玛峰的消息。这消息对于正处在北坡的中国登山家们来说，既是鼓励也是挑战。

　　5月25日，突击队分别到达8680米的突击营地和8300米的高山营地。

由于体力的原因，有两名女队员和一名男队员在行军途中下撤了。大本营决定，将9名运动员分为两个组，轮流突击顶峰。由索南罗布带领第一组，突击队中惟一的女性潘多率领第二组，于27日登顶。

26日，十级大风使得两个突击组的行动再次受阻。下午3时，大本营召开会议决定，两个组必须克服一切困难，在当晚完成任务，27日登顶。

大本营在下达命令时，还特地在报话机中对潘多讲话："虽然只有你一个女同志，但你代表着新中国的亿万妇女，一定要努力登上去！"潘多欣然领命，她表示，决不辜负祖国的期望，一定要为新中国的妇女争光。

两个突击组准时于下午3时半出发。队员们顶着十级大风奋勇前进，经过5个半小时的艰苦搏斗，他们完成了侦察、修路和强行军的任务。21时整，两个组在8680米突击营地会师。

次日早晨8时，9名登山家从突击营地出发，开始了最后的战斗。

北京时间14时30分，索南罗布、潘多、罗则、桑珠、大平措、次亿多吉、贡嘎巴桑、侯福生、阿布钦9名登山家终于登上了那一米见宽、十几米长的珠穆朗玛顶峰。

在极度的喜悦之后，9位中国登山家们感到极度的疲劳，但是，他们仍然坚强地站立起来，打冰锥，拉绳索，将一座高达3米的金属觇标牢牢地树立了起来，然后，又珍重地展开鲜艳的五星红旗，拍了电影、照片。他们还打取岩石标本、冰雪样品，测量冰雪的深度，最后，女登山家潘多静静地躺在顶峰的冰雪上，用无线电遥测仪向20多千米以外的大本营发射心电信号。他们在这被称为"死亡地带"的地球第三极上整整待了90分钟，完成了大量宝贵的科学实验和重要的历史考证。

1975年中国人再登珠穆朗玛峰的成功，在人类登山史上写了两项新的世界纪录，即女子第一次从北坡登顶成功的记录和在世界最高峰上停留时间最长的纪录。更重要的是，中国登山勇士们与测绘人员密切配合，第一次精确地测定了珠穆朗玛峰的高度为8848.13米。

这座金属觇标是中国人依旧站在世界登山运动前列的历史见证，它的意义与价值远远超出了测绘高程的作用，在以后的许多年里，它一直发挥着深远的国际影响。

1975年9月，英国登山家赫斯顿和斯科特两人从西南壁登上珠峰后说：

"我俩克服极度的疲劳向顶峰走去，抬头一看，春天由中国人竖立在世界最高峰上的三角架就在前头，我们忍受着一切痛苦，终于走到了它的身旁。三角架是我们登上世界最高峰的见证。"

著名意大利登山家莱·梅斯纳说过："这是世界最高峰顶峰的标记，是1975年中国人进行了测量后，设置在这里的标记，是各国登山家们登上地球之巅的见证人，它也是我最忠实的朋友。"

◼◼◼ 三国跨越地球之巅

"珠穆朗玛峰，你们能不能从北坡上，而从南坡下？"1960年，当时兼任中国国家体委主任的副总理贺龙元帅，曾这样询问刚刚完成人类历史上第一次从北坡登上世界之巅的中国勇士们。当时，人们没能回答元帅的提问，但是，在珠穆朗玛峰进行真正意义上的翻山越岭，却从此成为中国登山家们梦魂萦绕的一个理想。

1985年，中国登山协会向日本、尼泊尔登山界提出了一个大胆的建议：中、日、尼三国联合组队，把攀登的难度加大一倍以上，实现在珠穆朗玛峰南北两面同时跨越。这一建议得到日本、尼泊尔登山家们的热烈响应。

1987年2月24日，《中日尼1988珠穆朗玛/萨迦玛塔友好登山议定书》在北京正式签字。

三国的登山家们感到，他们是要实现人类登山200年来的一个伟大梦想，他们的使命包括三项主要内容：一是会师，即三国队员在顶峰相逢；二是横跨，指南侧或者北侧的队员翻越珠穆朗玛（尼泊尔人称为萨迦玛塔）峰顶，到达另一侧大本营；三是双跨，指两侧队员，分别进入对方大本营。能否进入对侧大本营，是横跨、双跨成功的重要标志。

北侧之路

1988年3月3日，三国登山队的北侧队率先进入了海拔5154米的北侧大本营。3月10日，身穿红、蓝、绿三色醒目服装的中、日、尼三国登山家们在白雪皑皑的珠峰北侧脚下举行了开营仪式。三国的攀登队长宋志义、重广恒夫、塔什藏布在这里同时升起了本国的国旗，由此宣告北侧大本营建营完毕。3 月 16 日，北侧的三国登山家们开始第一次行军，拉开了伟大的世纪双跨的序幕。

1953 年以来，人类曾数十次踏上珠穆朗玛的顶峰，但是，这座世界第一高峰并没有因此而有所驯服。1986 年至 1987 年，前来攀登的 20 多支登山队中，除一队成功登顶外，其余的统统遭到了失败。珠穆朗玛这座世界最高峰，依旧保持着它暴虐的特性，所以，这次攀登对每个人来说，仍是一场严峻的考验。

16 日的行军刚一开始，珠穆朗玛峰就以其不同寻常的暴风雪，对人类这次非同凡响的征服进行抵抗。狂风呼啸，不断撕扯着一、二、三号营地的帐篷，三国登山家们一连几天被困在营地里无法活动。19 日，一号营地的五顶帐篷被暴风撕成了碎布条，同一日，三号营地的帐篷也被狂风毁坏。

但是，三国登山家没有被风暴吓住。3 月 22 日和 23 日，以中国登山家次仁多吉、加拉、嘎亚、达穷为前驱的三国修路队终于打通了北坳的第一险关——北坳冰墙，赢得了第一个胜利。在接下来向北坳顶运输的战斗中，三国登山家们又在 400 米高的北坳冰墙上，与大风雪展开了拉锯战，不时有人败退下来。27 日，所有的队员又在离北坳顶仅 78 米处被风雪打了下去。

为了不延误整个登山计划，3 月 28 日，北侧第一队长曾曙生向中方队员发出动员："大本营是汽车能达到的高度，前进营地（海拔 6500 米）是牦牛能达到的高度，北坳冰墙对于登山队员来说，考验才刚刚开始！"这个考验决非一般，当三国登山人员终于打通北坳冰墙完成第一次行军时，已有 5 人因病下撤了。下撤人员中，包括中方的一名主力小多布杰。

4 月 1 日，第二次行军开始了。4 月 2 日，中、日、尼三方各派出一名主力，向第二险关、海拔 7028 米至 7450 米的冰雪地带和大风口发起挑战。这时，中日双方在具体战术上意见分歧。北侧第一攀登队长重广恒夫没有采纳中方"早行军、早宿营、尽快穿过大风口避开强风区"的建议，结果由小加措、山田升、那旺永旦组成的修路队，只到达海拔 7300 米处便被狂风推了回来。第二天，重广恒夫接受了中方建议。小加措、山田升和那旺永旦在下午 1 时突破了大风口。这回，为打通大风口立下头功的小加措因强冷风而遭受了冻伤。

4 月 7 日至 9 日，北侧相继打通了到达海拔 7790 米五号营地和 8300 米六号营地的道路。接着又是更为艰巨的运输。从未参加过登山的中国队身体素质训练教练孙维奇再三要求参加运输队，被批准后，他竟然背着重负突破了大风口，征服了北坳，一直上升到海拔8300米的高度。

4月11日，北侧队在顺利完成第二次行军之后，全体人员撤回到大本营。这时，每一个登山家关心的问题是能否进入顶峰突击者的名单，因为每一个人都希望亲手在人类征服自然的编年史上写下精彩的一笔。

中方主力次仁多吉被委以第一跨越的重任。这位以六个半小时的惊人速度完成从海拔7028米到8300米运输任务的藏族登山家，在掌声中站了起来，他兴奋地挥起拳头。剩下来的问题是，代表中方与次仁多吉同组的支援队员能不能是李致新。经过两次行军，李致新左脚拇趾已冻伤，如果继续行军，就有坏死的危险，并还会影响到其他的脚趾。

"李致新，你是要登顶还是要脚趾？"

"要登顶！"

"到了8700米突击营地后，走不动了怎么办？"

"爬上去！"李致新从牙缝里蹦出这三个字。尔后，他笑了，因为他被正式确定为次仁多吉的支援队员。

接着，曾曙生又确定了中方的第二突击组人员达穷担任跨越任务，罗则为支援。许多队员的眼圈红了，有的像孩子一样大哭起来，因为他们未能进入最后的突击队。曾曙生对4名入选队员说："那么多的兄弟把机会给了你们，你们是代表大家上去的。一定要记住这一点啊！"

南侧的死亡冰川

3月3日，正当北侧联队开始第二阶段行军，并奋战大风口时，南侧联队还在通往南侧大本营的崇山峻岭间盘旋前进。

4月4日，南侧的人马比原计划晚三天抵达大本营。大本营建立在孔布冰川的舌部，四周雪山上不时的冰崩、雪崩，给孔布冰川带来了恐怖的感觉。中方队员虽经长途跋涉，却无暇休息。翌日，他们便背着物资上行。

孔布冰川冰瀑区坐落于珠穆朗玛峰西山脊与奴布齐山之间。自从人类发现了南侧通向顶峰的通道后，已有100多名登山者牺牲在这里。因而，这里也有"死亡冰川"之称。它宛如老天爷摔在斜坡上的一块豆腐，支离破碎、沟壑纵横，而无法预测的冰崩、雪崩更是凶险万分。尼泊尔人将珠穆朗玛峰称为"萨迦玛塔"，意思是"高达天庭的山峰"，然而，走在这"天庭之路"上的登山者，稍不留神，就可能命归黄泉。

南侧的三国联队在孔布冰川架设了 30 多架金属梯，并且还在许多地段拉上保护绳。尽管如此，前进中的险情仍频频发生。

4 月 6 日，加布、王勇峰、拉巴三人在前往 6100 米的一号营地途中遇到冰川塌陷，一时间，方圆 200 米内的地段纷纷塌陷，声势惊人。幸好，他们三人当时不是处于"震中"地段，总算还有机会逃脱。

珠穆朗玛峰南坡

4 月 8 日，丹真多吉、仁那等三人在一号营地附近遇上了特大雪崩，他们拼命奔跑。危急关头，丹真多吉急中生智，他在帐篷附近打了个滚，才躲开了巨大冰块的追打。

4 月 11 日，尼泊尔军方队员巴顿在接近一号营地时不慎滑倒，落入一个深达 40 米的冰裂缝，他用手足拼死抵住两边的冰壁，一边拼命吹口哨报警，一边全力摇动路旗求救。幸亏中方南侧攀登队长仁青平措及时相救，巴顿才捡回了一条性命。

最为惊心动魄的是 5 月 3 日的冰川大塌陷，它差点儿使南侧中方第二突击队的三名队员遭受不幸。当时，加布、杨久晖、拉巴三人正在海拔 5800 米高度上前进。突然，他们周围 300 米的冰川开始了大塌陷。杨久晖的下身被碎冰埋住，随着冰块横移了 3 米。加布在返身抢救杨久晖时，脚下的冰面犹如被踩碎的玻璃，"啪啪"地四散裂开，冰裂缝在一瞬间扩向了四周所有的地方，冰裂声令人心惊胆战。他们能最后脱险，不能不说是一个奇迹。

在大自然面前，人是强大的，也是渺小的，关键是要有坚强的意志和超常的勇气。凭着这样的勇气，登山家们才能闯过生死关，才能建立功绩。

　　4月18日，北侧联队已经在海拔8300米的六号营地储备了6瓶氧气、13根绳子和必需的燃料，结束了第二次行军。此时，南侧队才刚刚建好海拔7400米的第三号营地。暴风雨打乱了预定的时间安排，既定计划又要求他们迅速上行。

　　日方的队员都来自低海拔区，适应缓慢，因而修路和运输任务几乎全部落在了中、尼两国登山家的身上。中方南侧攀登队长仁青平措因吃苦耐劳而享有"小愚公"的美称。他不顾自己年纪大，血压高，率领小齐米、扬久晖与尼泊尔队员安格·普巴、安格锐塔，于11日开始从二号营地向上修路。决心在20日前打通南坳四号营地。从海拔6700米的二号营地到7900米的四号营地，大部分路面铺盖着万年冰雪，光滑异常。而这里的坡度平均为40°，一不小心登山者就有滑向千丈深渊的危险。据尼泊尔队员介绍，在二号营地附近的一个大裂缝里，就存有32具滑坠者的尸体。为了确保安全，仁青平措等人在许多地段为其他攀登队员拉上安全绳。

　　4月18日，大风大雪笼罩着珠穆朗玛峰南侧，有两组人马不得不撤回二号营地。而仁青平措等6名中、尼两国队员却继续奋进，当晚留住三号营地，准备第二天向南坳冲击。然而，风雪越来越强。中方南侧队长强令仁青平措带队撤回二号营地。身材最大的扬久晖右膝内侧严重拉伤，4月22日，仁青平措等再次冲击南坳时，他不得不含泪受命下撤。仁青平措等则在能见度极差的条件下，与风雪搏斗了30多个小时，于23日傍晚，登上了海拔7980米的南坳。听到这个消息后，南侧大本营的人们稍稍松了一口气。

　　紧接着是确定参加最后突击的人员名单。中方的大次仁与仁青平措参加第一突击组，小齐米与边巴扎西为第二突击组的成员。

　　4月30日，北侧的突击队员开始上行，他们一天一个营地，第一突击组的中、日、尼三国6名登山家按计划将于5月4日进入五号突击营地，在5日突击顶峰。与北侧不同的是，南侧的第二突击组（每国各两人），将直接从南坳突击顶峰。

　　5月3日，北侧的突击队已抵达8680米突击营地，南侧突击队的第一组则到达了三号营地。决战在即，可南侧的第一组却被暴风雪困在了三号营地。情况对南侧队极为不利。如果第一突击组在5月4日不能赶到五号营地，那就意味着南侧队的登顶突击必须从海拔高度还不到8000米的南坳开始进行。

由于第二突击组的6名队员没能及时到达三号营地，这样，三号营地的三顶小帐篷，可双倍地为突击队员遮风挡雪。

5月4日，风雪依旧。为了确保双跨成功，南侧中方的队长王振华不再顾及日、尼两方队长的犹豫不决，果断命令仁青平措与大次仁强行上升。

大次仁和仁青平措率先抵达南坳，第二组的边巴扎西也随后赶到，他们奉命在南坳等待日、尼队员。半小时后，只有尼方的安格·普巴赶到了南坳。时间不允许他们再等待了，否则天气再变得更坏，大次仁、仁青平措与安格·普巴都无法如期抵达五号突击营地。大次仁、仁青平措和安格·普巴于是冒着狂风前进。半路上，他们发现了扔在雪中的帐篷。安格·普巴断定，五号营地未备帐篷。这样，他们除了从四号营地背来的炉子外，又多背上了一顶帐篷。

经过长达10多个小时的奋争，他们终于抵达海拔8500米的五号营地。果然，他们除了在营地上找到7瓶氧气外，帐篷和炊具都未曾运到。天色已黑，坚冰和劲风使体力消耗过大的三名中、尼队员难以应付。他们费力地支撑起身体，平整好地面，搭上帐篷。

与此同时，上到四号营地的9名登山家又碰到了氧气短缺问题。原先据运输队说，四号营地准备了24瓶氧气，而实际上，这里只有10个氧气瓶，而且，有的已被搬运工们所用。南侧首席攀登队长矶野刚太怒火中烧。但事情到了这一步，发怒已无济于事。5月5日晨，除日本跨越队员北村贡背上两瓶氧气直接从南坳突击顶峰外，四号营地的其余8名队员不得不中止突击。他们望着无云的碧空失声痛哭，这些在死神面前都不肯退却的勇士，现在却为失去登顶机会而伤心流泪。边巴扎西哭着哀求："让我们上吧，没有氧气也可以！"但是，考虑到登山队员的安全，边巴扎西的要求被十分明确地拒绝了。

现在，南侧实际上只剩下1/3的突击队员，他们的任务变得更加艰巨。

会师地球之巅

5月4日下午3时，中、日、尼三国总队长在北京联席办公。他们利用无线电台，听取南北两侧的情况汇报后，确定了5月5日的登顶会师计划，并决定北侧队在北京时间6时出发，南侧队在9时出发。两侧同心协力，争取会师和跨越的胜利。首席总队长、中国著名的登山家史占春在北京发出振奋人心的呐喊："为了三国人民的重托,只许前进,不许后退!我们的口号是前进!前进!前进!"

是夜,南侧大本营灯火通明,三国队长因为无法与山上的突击队员联系上而焦急万分。报话机的功率小,三队都在二号营地设立了中转站。加布、杨久晖等为把北京的命令送给山上而不断地呼叫:"大次仁,大次仁,二号呼叫,听见了没有?请回答!"呼叫持续了一夜,终于在凌晨时分叫通了仁青平措。

仁青平措等三人在8时25分提前出发,南侧大本营的人们期待着他们率先登顶。大次仁、仁青平措与安格·普巴刚从突击营地出发,就进入了齐腰深的积雪,每前进一步都要消耗极大的体力。

12时42分,北侧中方跨越队员次仁多吉第一个到达顶峰,这是中、日、尼三国双跨珠穆朗玛峰的第一个历史性时刻。次仁多吉在顶峰大吼:"我代表中华民族,代表中、日、尼三国友好登山队报告,我们上来了!我们的脚下是雪山和白云!"他的声音通过北侧大本营的无线电台直达北京,又通过广播与电视传向了全世界。几分钟后,次仁多吉的氧气用光了,可是,他还必须在峰顶等待和南侧队员会师。而此时,南侧大本营与突击队的三名登山家大次仁、仁青平措、安格·普巴失去了联系

次仁多吉在顶峰的雪地里等了30多分钟以后,报话机里传来了北京总指挥部的声音。

"次仁多吉,你有什么问题吗?还能坚持吗?"

"能!但手脚冷极了!"

次仁多吉经受的是零下三四十摄氏度的严寒。

"再坚持一下,多活动活动手脚,李致新马上就要登顶,他背着两瓶氧气,你拿去一瓶,至少也要把他用过的半瓶拿去。"总指挥部下达了命令。

"我什么也不需要!那瓶氧气还是留给大次仁他们用吧!"

下午2时12分,李致新还未登顶,总指挥部只好下达命令:"次仁多吉,我们命令你与已经登顶的日本、尼泊尔队员一同跨越!立即跨越!"这时,次仁多吉已经在峰顶等待了88分钟。

然而次仁多吉没有走。2时23分,李致新登顶了,次仁多吉兴奋地向北

京、向大本营报告："李致新登顶了!"

人们这才知道，次仁多吉还在顶峰。他为了等待与南侧队员会师，在无氧的状况下，创下了在珠穆朗玛峰顶停留99分钟的世界纪录。如果他再不走，双手甚至双脚都可能被冻断，那样的话，他就无法跨越珠峰了。

下午2时23分，是中、日、尼三国登山队的第二个历史性时刻。次仁多吉终于同意与日本登山家山田升、尼泊尔登山家昂·拉克巴一同迈出了跨越的第一步。然而，次仁多吉还是坚持不要李致新给他的氧气瓶。

现在，轮到李致新在峰顶等待了。那天，在突击顶峰过程中，他与日本的山本宗彦、尼泊尔的拉克巴等结组出发。走了没多久，他对路线的判断与日本、尼泊尔登山家发生分歧。三个人中，他的登山资历最浅，所以，尽管他是对的，却无法说服两位异国同伴。这样，他又一次开始了孤独的行军。结果，他成为支援组的第一个登顶者。这不仅让日、尼两国队员大吃一惊，连中方人员也大感意外。李致新的狠劲，超出了人们的预想。李致新在峰顶等待了65分钟，仍不见南侧队员上来，他只好奉命下撤。当晚，他又在救援迷路的日方电视记者中扮演了主角。

珠穆朗玛峰顶，又恢复了宁静。

如果说，当北侧队员率先登顶时，南侧的中方队长王振华是为南侧队员未能及时登顶坐立不安的话，那么，眼下他是为三名队员的性命安危担忧了。

其时，大次仁却正在为找不到主峰而徘徊。等了半个多小时，望着下面200多米处的仁青平措与安格·普巴，大次仁坐不住了，他毅然起身向自己判断的主峰方向"插"去。那里有一座高高的陡壁，一条雪梁是必经之地。雪梁既陡又薄，最薄的地方甚至可以用冰镐插穿。一边是一泻千米的陡坡，一边是时时都可能断裂的雪檐，一步不对就将饮恨终身。

下午3时10分，大次仁看见了正从陡坡上下来的次仁多吉等三名从北侧跨越过来的队员。

"方向是对的!"大次仁不禁兴奋地喊叫起来，他马上加快了脚步。他抵达了陡壁，从次仁多吉的口中，知道冲向顶峰的路线和大概需要的时间，也知道李致新正在等待与他们会师。刻不容缓，大次仁竭尽全力奔向顶峰。

经过长时间的难忍的等待之后，南侧的中方队长王振华终于在下午3时53分听到了从报话机里传出的三声口哨声，紧接着是难以抑制的哭泣声。这是大次仁同大本营约定的信号，它告诉大本营，他从南侧第一个登上了顶峰。这是中国人第一次从南坡征服世界最高峰。

珠峰顶上，狂风夹着雪粒向大次仁凶狠地扑打过来。他忍受着极度的寒冷与缺氧，在顶峰等待着会师。在他的心里还牵挂着血压较高的队友仁青平措。大次仁决意等下去，哪怕是因此失掉一只手或者一只脚。17 分钟以后，尼泊尔方面的南侧跨越队员安格·普巴到达顶峰。但是，安格·普巴抵抗不住顶峰的严寒与缺氧，很快便向北侧跨越了。会师的重任，完全落在大次仁与仁青平措这两名中国队员的身上。

可是，45 岁的仁青平措却迟迟不见。是因高血压倒下了？还是体力不行难以支持？大次仁将自己的背包放在峰顶上，返回原路去寻找仁青平措。在这海拔 8800 多米，含氧量不足海平面 1/5 的高空，死神可以说是紧随在大次仁的身后。大次仁在距顶峰 100 多米的陡壁上遇到了精疲力竭的仁青平措，他接过仁青平措的背包，扔掉了仁青平措的氧气瓶，搀着几乎迈不开步的仁青平措，一步步地逼近顶峰。在珠穆朗玛峰的攀登史上，像大次仁那样在顶峰上下两次是绝无仅有的。

北京时间 16 时 43 分，大次仁、仁青平措同十几分钟前登顶的北侧支援队员、日本的山田宗彦，尼泊尔的拉克巴·索拉及以中村进为首的三名日本电视记者，在世界最高处会合了。中、日、尼三国登山队，迎来了最光辉的历史时刻，在这个历史时刻，仁青平措和中村进在顶峰紧紧地握手。

从次仁多吉开始上顶峰创造在世界之巅上的停留记录，到大次仁、仁青平措终于实现和北侧队员的会师，珠穆朗玛峰顶演出了一幕从未有过的壮丽而辉煌的历史剧。

南北两侧三国共 12 名队员的登顶、跨越与会师，宣告人们已双向跨过了世界上最高的国境线。

 知识点

雪　人

雪人是一种介于人、猿之间的神秘动物，至今未有确切的雪人标本供人们研究，关于雪人的传说材料远远多过实证。尼泊尔语里雪人被称作"耶

提"，意思是居住在岩石上的动物。喜马拉雅山雪人是人们谈论最多的一个分支。从公元前 326 年起，世间就开始流传关于雪人的种种传说。在人们的印象里，雪人时而仁慈、温柔，时而凶猛、剽悍。

世界著名探险家英国人梅斯尼尔经过几次雪域之行后，1998 年 10 月，他在《雪人：传奇与现实》一书中对雪人作了引人入胜的描述，但他的结论却让那些怀着好奇心的人失望。他说："它们很可能就是一些野生的狗熊，很多与这些巨大的动物不期而遇后，一时认不出是什么东西，于是把它们叫作雪人。"并指出，前几年，非洲也出现过许多和雪人之谜类似的传说，但最后证明那些动物仅仅是卢旺达的猩猩而已。

■■■ 挑战生命极限的无氧攀登

不使用氧气装备攀登 8000 米以上的高峰，是登山家们在喜马拉雅"白银时代"面临的一项新课题和新难度。多少年来人们一直认为，海拔 8000 米以上的高山是人类"死亡带"，或者叫做"生物禁区"，就是说，在海拔 8000 米以上的高度上，人类和其他动植物都无法生存。

1521 年侵入墨西哥的军队为寻找火药原料攀登烟峰（勃勃卡铁贝特尔火山顶峰）时，绝大部分士兵已经忍受不了海拔 5000 米高度的缺氧反应。他们感到呼吸困难，每前进一步都伴随着剧烈的头痛和脚疼。他们尽管上到了山顶，但事后却长时间地感到头晕和恶心。

1802 年，德国著名的登山家亚历山大·赫伯特来到厄瓜多尔，准备攀登安第斯山脉中海拔 6272 米的钦博拉索峰。但是，当他到达海拔 5600 多米的时候，忽然感到心情烦躁、痛苦难忍，昏昏沉沉而又难以入睡。与他同行的人，有的嘴唇和牙龈都出了血。赫伯特在解释这种现象的原因时说："人们感到不舒服，感到疲乏，其原因是由于气压减低而对人体产生的自然影响所致。"应当说，他并没把原因说确切。

19 世纪末期，欧洲盛行乘热气球升空的活动。1874 年，意大利的斯宾内利和赛维尔两人乘热气球升空，超过了海拔 6000 米的高度。在 3600 米高度时，他们已经感到明显的不舒服。继续上升到海拔 6000 米高度时，气压降得更低。由于他们使用了供氧装置，吸入的空气中混有 70% 的氧气，所以，再没有感到不舒服。可见，在超过一定海拔高度时，人体的不适应主要不是由于赫伯特所说的气压过低，而是由于缺氧造成的。

1875年，还是这个斯宾内利，同另外两位同伴一起在供氧设备很不完善的情况下，贸然乘热气球升空。他们事先计划，除非万不得已，不然就不轻易使用人工氧气。但是，当他们到达8000米高空时，斯宾内利已经和同伴赛维尔一起因严重缺氧而死去。幸存下来的蒂桑迪埃在追述这次可怕的事故时说，当他在记录本上写的气压记录为7450米的高度时，他感到呼吸困难，并且准备打开氧气装置。但是他的胳膊一点也动弹不得，已经不听大脑的指挥了。他注意到，气压下降到相当于海拔7620米高度时，时间是下午1时半，随后他就失去了知觉。40分钟以后，他清醒过来，这时气球正在下降。为了使气球重新上升，斯宾内利向外扔了许多砂袋，气球一直向8000米上升。蒂桑迪埃随即又昏迷了过去，直到下午3点半他才重新清醒过来。他睁眼一看，发现两位伙伴已经丧失了性命。

自此之后，海拔8000米以上的高度就被人们认为是"人类死亡地带"以及"生物禁区"。

直到20世纪20年代以后，随着人类科学技术的发展和登山运动从低山不断地走向高山，走向了喜马拉雅山区，人们才能在实践中真正对高空缺氧的问题有逐步的接触和认识。一些科学家，尤其是高山生理学家，开始对这个课题进行深入的研究。研究结果表明，在海拔8000米的高度上，大气中的含氧量仅仅为海平面的1/3左右。人们在严重缺氧的情况下，会感到头痛、头昏、呕吐，甚至引起其他高山病。如果救护不及，往往会导致死亡。"人类死亡地带"的说法，不是完全没有道理。但是，在人类登山史上，也曾有过这样的先例，由于事先进行了良好的耐高山缺氧适应训练，在8000米以上的高度上，一些登山家在没有氧气装置继续供氧的情况下，不但没有发生意外，而且可以坚持登山。所以，所谓"死亡地带"，对于受过专门训练的优秀登山家来说，并不一定意味着死亡。

当然，要在自始至终都不用供氧装置的情况下攀登8000米以上的高峰，是一件极其困难和极其危险的事。所以，有计划、有目的地进行这项展示人类最大忍耐力的尝试，还是到20世纪70年代才开始的。

1973年5月1日，由德国、瑞士、奥地利三国联合组成的男女混合登山队，首次实现了人类对 8000 米高峰的无氧攀登，其中有 4 名队员（包括著名德国女登山家哈·施玛兹）在自始至终不使用供氧装置的情况下，成功地登上了海拔 8156 米排名世界第 7 的马纳斯卢峰。

1975 年 10 月 6 日，在登上海拔 8481 米的马卡鲁峰的 7 名前南斯拉夫队员中，登山家马尔扬·库那别尔也自始至终不用人工氧气而登顶。

1978 年 5 月 8 日，33 岁的意大利著名登山家蒂茵霍尔特·梅斯纳和 35 岁的奥地利登山家彼得·哈贝勒，更是以惊人的勇气与毅力，坚持自始至终不用氧气装备，经尼泊尔一侧的南麓，完成了对珠穆朗玛峰的征服。3 个月后，梅斯纳又在无氧的情况下，登上了海拔 8125 米的第 9 高峰——南迦帕尔巴特峰。同年，美国登山队的 3 名登山家也按事先计划，成功地对世界第二高峰乔戈里峰（海拔 8611 米）进行了无氧征服。也是在这一年，德国、法国联合登山队的 3 名登山家，又在完全不用人工氧的情况下登上了珠穆朗玛峰。

在梅斯纳等著名登山家的大力提倡和推动下，对 8000 米以上巨峰实行无氧攀登，从 1978 年起形成了热潮。在 1979 年 5 月 16 日，英国、法国联合登山队中，有 3 名英国登山家斯科特、鲍特曼和塔斯加，又首次在世界第三高峰干城章嘉峰上创造了无氧攀登的记录。

而梅斯纳本人，则又在 1979 年 7 月 12 日，和伙伴德凯尔一起，征服了乔戈里峰正南坡面的陡峭岩壁，在完全不使用氧气装置的情况下，成功地登上了这座世界第二高峰。

梅斯纳这位传奇式的意大利英雄，在他已经享誉全球的时候仍未满足，1980 年 7 月中旬，他来到珠穆朗玛峰的北坡，准备沿东北山脊上到 7800 米之后，再向右转向正北面，向更为险峻的正北山脊发起挑战，开创人类登上世界第一高峰的第 8 条新路。

梅斯纳与加拿大记者尼娜·霍尔金一同登到了海拔 6500 米高度。然后，在 1980 年 8 月 18 日清晨 5 时，他走出营地，单枪匹马地开始了他的最大冒险。照例，这一次他仍 1 日没有带氧气瓶。

晨曦照亮了珠穆朗玛峰，梅斯纳辨认着东北山脊上的每一个山峦，走在 1924 年玛洛里与欧文走过的道路上。他试图证实自己具有这样的能力：不靠搬运工、登山伙伴、氧气瓶甚至无线电设备，而是完全靠自己征服世界第一高峰。然而，仅仅才开始了十几分钟，梅斯纳的这次冒险就差点儿以大难临头而告终。一座他正在上面行走的雪桥突然碎成了粉末与冰块，梅斯纳在冰壁间撞来撞去落向深渊。幸好，这种让人绝望的下坠停止了，梅斯纳看见在头顶的细小缝隙间，有一颗晨星在闪烁。截住他的，是一个面积不足 1 平方米的小雪台，而脚下则是无底的深渊。如果这个雪台在他的重压下塌下去，梅斯纳将再也无法见到天日了。

求生的本能使得梅斯纳硬是用冰斧和雪杖这两件简单的工具攀到了高高的"冰牢"顶端。梅斯纳却发现自己爬上的是那座塌了的雪桥靠近下坡的一侧。为了前进他不顾安危重新跳入"冰牢"，再次攀爬 300 米高的冰壁。

上午 9 点，梅斯纳到达 7360 米处。这时，暴风雪铺天盖地而来。等上攀到 7500 米高度时，他感到自己的步伐大大地减缓了。这时，他发现了日本登山队不久前使用的用来联系两个营地的红色安全绳。然而，他迅速摆脱了那条红绳子的诱惑，继续走自己的路。他的背上背着食品、睡袋、帐篷、火炉、燃料……他就像一只孤独的蜗牛，在背上驮着自己整个的家。他感到脑子轻飘飘的，气喘也越来越急促。他仍然奋力前进，一步一步地直至到达海拔 7800 米处才卸下背包，准备当晚的营地。

8 月 19 日，梅斯纳又卷起他的"家"，涉足于齐膝深的积雪之中。为了另开新路，他迈步向大峡谷走去。下午 3 时，他到达海拔 8220 米高度。当晚，他在海拔 8250 米的地方建立了最后一个营地。8 月 20 日清晨，梅斯纳动用了冰爪，开始最后的冲击。他一直在迷雾中本能地前进着，等到迷雾散去，他看到了那个 1975 年中国人树立在顶峰的觇标。这时，筋疲力尽的梅斯纳顿时增添了万钧力气，他奋不顾身地攀了上去……他成功了！

梅斯纳以不可思议的勇气、体力和意志，成为人类历史上孤身一人从北坡对珠穆朗玛峰成功地进行无氧征服的第一人。这是世界登山史上的奇迹，是跨越 20 世纪 70 年代和 80 年代的绝唱。

 知识点

高山病

人们生活在海平面上的标准大气压为 760mm 汞高，氧分压是 159mm 汞高。随着地势的增高，气压也逐渐降低，肺泡内的气体、动脉血液和组织内

氧气分压也相应降低。

由于高度愈高，空气愈稀薄，气压就愈低，因此人体所需要的氧气压力也随之降低。但是人体所需要的氧气含量仍然不变，为使血液中维持人体所需之含氧量，故必须增加红细胞的含量，但人体自动增加红细胞之含量需要几天的时间。因此在刚进入高原的，会因为高度突然增高，人体来不及适应，而产生体内氧气供应不足的情形。高度愈高，过渡时间愈短，产生的反应就愈剧烈，这种生理反应一般称为高山病，如高原性心脏病、高原性细胞增多症、高原性高血压等。

高山病的症状多见呕吐、耳鸣、头痛、呼吸急迫、睡意蒙眬，严重者会出现感觉迟钝、情绪不宁、思考力减退、产生幻觉等，也可能发生浮肿、休克或痉挛等现象。

向美洲和非洲之巅进军

对于登山者来说，山越高越险越能激起他们攀登的兴趣和征服的欲望，于是寻找那些被人认为高不可攀的山峰去攀登成为他们的乐趣所在。于是北美的、南美的、非洲的最高峰不断成为他们进军的目标。

乞力马扎罗是非洲最高峰，被称为"非洲屋脊"。乞力马扎罗的山峰顶部终年满布冰雪，素有"赤道雪山"之称，在雪线上还生存有企鹅，这就是著名的赤道企鹅。山脉主峰基博峰，是一座休眠火山。1889年被德国地理学家迈尔和奥地利登山家普尔率先征服。

麦金利山位于美国阿拉斯加州的中南部，是阿拉斯加山脉的中段，为北美洲的第一高峰。该山有南、北二峰，南峰较高，山势陡立。麦金利山原名迪纳利峰，意为"太阳之家"。后来，此山以美国第25届总统威廉·麦金利的姓氏命名为麦金利山。1913年，神父史达克一行人登上了绝顶南峰。

阿空加瓜峰是南美洲第一高峰，还是地球上海拔最高的死火山。属于科迪勒拉山系的安第斯山脉南段，在阿根廷与智利交界的门多萨省的西北端。1897年1月14日，英国登山家爱德华·费茨杰拉首次登上阿空加瓜峰，考察证实它由火山岩构成，山形呈圆锥形，山顶有凹下的火山口，是座典型的火山。

踏上北美之巅麦金利山

北美第一高峰麦金利山位于美国阿拉斯加州的中南部，地处阿拉斯加山脉的中段，距离费班克约 240 千米。它的海拔为 6194 米，是北美洲的第一高峰。北美其他的著名山峰还有派克峰（海拔 6050 米）、墨西哥高原的克·普多火山等。当地印第安人称此山为"迪那力山"。每当清晨从迪纳利峰升起来的时候，山顶上的积雪熠

麦金利山

熠发光，十分壮观，令印第安人赞叹不已，于是，印第安人认为此山是太阳休息的地方，是一座神圣的山，对此山充满了敬畏之情。俄国占领阿拉斯加的时候，将此山称为"大山"。后来，美国以 720 万美元购买了这片原属于俄国的领地。

1896 年，有一位叫太其的探矿界名人探查了麦金利山。太其是美国狂热的共和党人，他把这座雪山改名为"麦金利"。他说，之所以要把这个荣誉给总统，是因为他在荒无人烟的山里听到的第一个消息就是威廉姆·麦金利被选为新任总统。威廉·麦金利当选为美国总统以后，亲自派员对麦金利山进行考察。当麦金利得知这座以自己名字命名的山竟然是北美洲的最高峰时，不由得欣喜万分。

1917 年，麦金利山被开辟成国家公园，成为美国仅次于黄石国家公园的第二大公园，面积达 6800 多平方千米。

麦金利山作为北美洲的第一峰，每年吸引了许多来自世界各地的旅游者和登山者。为了方便普通游客，这里修了一条长达 58 千米的羊肠小路，直通山顶。由于这里的天气变化无常，小路的大部分常常被积雪覆盖着，攀登起来非常困难，即使是专业的登山运动员也需要 2 个星期才能登上峰顶，普通

麦金利山

的旅游者大概需要 1 个月的时间。

麦金利山以其雄伟壮观、别具一格的自然风光吸引了很多来自世界各地的旅游观光者，他们常常为麦金利山的美丽景色惊叹不已，流连忘返。如今，麦金利山已成为世界名山中的一颗璀璨的明珠闪耀在北美洲的上空。

法官的判决

在北美洲，登山家们的冒险故事，也主要是从麦金利山开始的。

麦金利山的南峰海拔高度为 6193 米，是北美洲制高点。千百年以来，生活在这一带北极圈附近的印第安人一直把它唤作"迪那力"，即最伟大的雪山。

麦金利山山腹覆盖着层层的冰块，无数的冰川纵横其中。山的斜面部分，即便在夏季，气温也从未达到 0℃以上。这里的风速非常快，常常达 160 千米/时，雪崩和冰崩更是家常便饭。麦金利山的恶劣脾气和它南北两峰的雄伟气势使人望而生畏。但是，对于那些富有冒险精神的登山家们来说，麦金利山让他们兴奋不已。

在太其之后，住在麦金利山北方 240 千米外费尔班克斯的威卡夏姆大法官组织了一支登山队。他们在 1902 年向麦金利南峰进发，但是，和以前所有登山者的命运一样，麦金利山用一座座高大透明的冰壁和错综的冰川裂缝，将他们统统阻挡在主峰脚下。

威卡夏姆大法官在从南峰脚下掩面而归之后，正式下了"判决"：麦金利是一座永远拒绝人类攀登的山。

风波中的库克

大法官的这一武断，引起弗雷迪力克·库克博士等人的激烈反应。库克博士对极地探险具有极其丰富的经验，他宣称，大法官之所以被麦金利山拒绝，是因为他对登山完全是外行。一时间，两种观点争论不休，相持不下。于是，库克和物理学教授哈歇尔·巴卡、画家兼自然科学家培鲁摩尔·布朗决定一同去攀登麦金利南峰，用事实来粉碎威卡夏姆大法官的"宣判"。

1906 年，库克一行跋涉到麦金利山的西南坡。由于他们事先作了周密安排，所以开始时进行得非常顺利。可当他们到达冰川地区的时候却迷了路。3个人被困在雪洞里，雪桥封盖住了他们的身体，他们的头顶上只留下极细的一线天空。

他们在龟裂的冰层上作拼死奋斗。可是几个星期过去了，他们发现，高耸的南峰并未离自己近一点。眼看带来的食物消耗殆尽，库克、巴卡和布朗只好像威卡夏姆大法官一样放弃登山，垂头丧气地回到了出发地——德意内克村。

在回德意内克村的路上，库克一直沉默无语，他的眼前仿佛出现了威卡夏姆大法官那令人难堪的笑容，他的耳边仿佛传来了人们的冷嘲热讽。"不！"库克对自己说，"我决不能这样回去，决不！"库克感到人世间的现实比麦金利南峰更无情：成功了可以当英雄，失败了便是狗熊，没有第三种角色可以选择。可是，怎么办呢？该死的冰河！那数十米甚至几百米高的大冰壁确实让库克无计可施。

库克无法正视自己失败的现实，他偷眼看看身边的巴卡与布朗，脑海里突然冒出了一个主意。

在德意内克村的一所木房子里，库克又重新穿上雪鞋、带上冰镐与登山索等器具，他对布朗和巴卡说："伙计们，我再去找找攀登麦金利山的路，你们在这里等我。或许能找到一条通往峰顶的新路，我们就可以再次去登一登那该死的南峰。"

"去吧，你爱去就去吧。"

"祝你顺利回来！"

巴卡与布朗挥手送走了库克。可是，他们万万没想到，在这以前，库克已经暗暗地雇用了一位名叫爱德华·巴力尔的搬运工人，现在，库克和巴力尔正一起向麦金利山走去。

库克是个十分精明的人，他自然不会忘记给纽约城的朋友发电报。他在那个电报里说，他"正冒着生命危险，重新攀登麦金利山"。他相信，他的朋友不久就会把这个消息捅给新闻界。

巴卡和布朗在德意内克村里足足等了1个月，他们甚至以为库克已经遇难了。正当巴卡和布朗整理行装准备去寻找库克的时候，他们得到了一个惊人的消息：麦金利南峰被库克博士征服了！报纸上刊登了库克亲自拍摄的照片，照片中占据绝大部分画面的是一个白雪皑皑的山峰，远远望去，能看见那山的顶端站立着一个人。据称，那个站在山顶的人，便是与库克结伴的爱德华·巴力尔。

库克向全社会公开了他在山顶拍摄的大量照片和幻灯片。几年之后，库克又把自己的冒险经过写成一本书——《大陆的最高峰》。这本书以精彩的景物描写和扣人心弦的历险纪事行销于市，库克本人也因此成为全美国的知名人物。

巴卡和布朗却对库克的英雄壮举存有疑虑，他们认为，库克在离开他们到宣称登上山顶总共只有10来天，在这短短的时间里，要跨越冰河、攀过冰壁再攀上顶峰是不可能的，至少，时间上明显不够。但是，巴卡和布朗缺乏足够的证据，所以他们的话没有引起人们的注意。

与此同时，居住在阿拉斯加一带的猎人和淘金者们对库克的成功也提出诘问。他们指出，库克对麦金利山周围环境的描述不准确，使人不得不怀疑他是不是真的登上过麦金利山。

对于这些，库克却反驳说："只有我库克登上了南峰，但是，我很奇怪竟然还有人会宣称比我更了解南峰上上下下的地形，我完全不知道这样的挑剔到底是出于何种心理。"

登山引起的风波，很快归于平静。那年头正值北方的开发时期，大多数人都乐意接受一个英雄。所以，要对库克的事迹进行验证只有一个办法，那就是登上麦金利山的顶峰。

两个外行创造的奇迹

在库克宣称征服麦金利山的第三年，威卡夏姆大法官所在的费尔班克斯正处在滴水成冰的严冬季节。一天，胡子、帽子上都沾着冰雪的探矿者和投机商们照例从四面八方赶到集市。他们会聚在这家由比利·马克威所开的酒店里，这个酒店是投机商们洽谈生意的地方，也是当地的一个消息中心。

几杯威士忌下肚之后，探矿者与投机商们都感到暖和起来。他们的话题从金子转到库克的登山，许多人嚷嚷着，说不相信库克真的攀登上了麦金利山。

酒店老板比利·马克威对这个话题很感兴趣，他晃动着高高胖胖的身躯来到谈话者的中间，十分豪放地把一大杯威士忌一饮而尽。

"伙计们，小伙子们，光嚷嚷是没用的，"比利·马克威大声地说，"你们得去证明，得去攀登麦金利山才是。"

"攀登麦金利山？"众人都怔住了。

"是的，一直登到顶。我要是能年轻 20 岁，我就会亲自去。你们得让老比利相信，现在这个时代不仅仅有骗子、投机者、小偷和无赖，应该还有英雄，有真正的男子汉。"

"可是，威卡夏姆大法官曾经说过……"

"甭管什么大法官了，有时候好人会被判处枪毙，而杀人犯却逍遥法外。对登山这活儿，大法官当然就更外行了！"没等比利·马克威接话，一位名叫汤姆·鲁罗伊都和一位名叫威廉·提拉的探矿者抢过话头。他们对大法官的话不以为然，当场表示愿意去麦金利山试一试。

"好！看来现在这年头还不坏，还有男子汉！"比利·马克威赞许地说道。然后他宣布："从今天开始，一直到 1910 年的 7 月 4 日以前，不管是谁登上麦金利山，我都将付给他 5000 美金的奖赏！"

"哇！"人们更加兴奋了。

"一言为定。"汤姆·鲁罗伊都说道。

"那就先为我和汤姆即将获得那 5000 美元干上一杯！"威廉·提拉站起来，高高举起酒杯。

兴奋的人们纷纷仰起脖子喝下预祝胜利的酒，一个再次向麦金利山挑战的设想就这样定了下来。但是，闹够了之后，大多数人还是不相信汤姆·鲁罗伊都和威廉·提拉会成功。

1909 年 2 月 2 日，阿拉斯加仍是一片冰天雪地的世界，汤姆·鲁罗伊都和威廉·提拉向麦金利山出发。同行的还有两位大胆的猎人：比达·安达松和查理·马古格纳卡尔。他们 4 人毫无登山经验，没有向导，也没有携带专门的登山工具。他们携带的只是几个篮子、几件露营用品和够吃几个星期的粮食，此外就只有两条狗了。他们所拥有的最佳登山条件，就是强健的体魄、不屈不挠的勇气和猎人特有的敏锐的直觉。

一般的登山者是不会选择在冬天的时候出发的，他们知道其中的道理。但是，猎人的直觉告诉他们，严寒的冬季冰层更厚，更有可能发现通过冰川的新路线。然而事实上，严冬给他们带来的是更大的困难，单是跨越一条大冰河，他们就花去了11个星期。

通过著名的马鲁多罗冰川之后，4个勇敢的人在冰河的源头进行了摄影。然后，他们开始攀登。

他们在狂野的暴风雪中攀登到海拔3353米的地方，这时，比达·安达松的双脚严重冻伤了。为了取得成功，汤姆·鲁罗伊都坚持全体伙伴要严格按照事先定下的日程表继续攀登。幸好，比达·安达松的脚很快痊愈，他跟上了登山队。

再向上去，他们便到了如刀刃一般锋利的地方，汤姆·鲁罗伊都让大家用篮子仿照拉雪橇的方式登上去。到达海拔4572米时，他们才发现，原来麦金利山有2个山峰，看起来两峰几乎一般高，他们选择攀登北峰。

当快要接近山峰时，他们在峻峭的山棱上挖了一个冰洞，作为最后的营地。第二天，汤姆·鲁罗伊都一行人开始迈向北峰的峰顶。他们凿开冰块，开出每一步立脚处。啊，他们登上了峰顶！

他们兴奋地把美国国旗插在雪地上，让它迎风飘扬。就在这个时候，他们忽然发现他们攀登的是较低的一座山峰，而更高的是南峰，比北峰高出有260米左右。

几天以后，他们回到了营地。又过了2个星期以后，他们回到了费尔班克斯。汤姆·鲁罗伊都等人详细地陈述了他们的探险经历。他们告诉大家麦金利山有两个主峰，因为担心酒店老板会不肯付出赏金，所以他们隐瞒了登的只是北峰的事实。比利·马克威祝贺他们登顶成功，并如数付给了赏金。

汤姆·鲁罗伊都和他的伙伴们登上的只是较低的北峰，这一点并没有引起多少议论。人们佩服的是，一支全由外行组成的登山队，竟然登上了如此艰险的雪峰，这不能不说是登山史上的一个奇迹。

在阿拉斯加以外的地方，人们却不相信这些探矿者和猎人能够战胜麦金利山。直到 3 年以后，当另一支登山队伍登上麦金利北峰，发现了鲁罗伊都等人插在峰顶的美国国旗时，才证明了那些幸运的探矿者和猎人的确征服过麦金利的北峰。

揭开库克的面纱

由于汤姆·鲁罗伊都等攀上的都是北峰，因此仍然无法辨明库克征服麦金利山的真伪。1912 年，那次被库克抛弃的巴卡与布朗又来到麦金利山下，打算再次发起对南峰的挑战。

他们在事先作了周密的安排，并且采用和探矿者们同样的登山路线——从东北方向接近这座山。

在马鲁多罗冰川，巴卡与布朗用雪橇把登山物资运送上去。然后，他们把雪橇留在营地，从狭窄的山脊开始攀登。当他们在 5000 米高度的冰川盆地前设营，为最后冲击顶峰作准备时，天气突然转坏了。强劲的山风刮得地动山摇，雪崩所发出的巨大轰鸣如雷贯耳。他们只得停顿下来，在小帐篷里提心吊胆地度过了 4 个昼夜。

天空终于放晴，他们又抖擞精神地开始行动。这一回，他们一鼓作气攀登到海拔 5790 米的地方。前面的山脊倾斜度稍稍有些缓和，看来此行胜利在望。但是，就在离山顶还有 2000 米路程的时候，狂风大作。他们竭尽全力，才勉强前进了 1100 多米。这时两人都已筋疲力尽，再也无法与麦金利山抗争了。几个小时后，他们总算回到了最后的扎营地点。2 天后，气候刚刚转好，他们再次冲击山顶。可是，在即将登顶时，气候又一次变坏，他们又一次失败了。

巴卡和布朗懊丧地退下山来，愤愤不平地诅咒自己的坏运气。在他们离开麦金利山的几天以后，这座山连续发生了几次剧烈的地震，巴卡与布朗最后所到达的雪梁被完全地震塌了，麦金利南峰也改变了模样。

巴卡和布朗没能冲击到顶峰，但他们拍摄的照片已表明库克的所谓胜利完全是一个弥天大谎，库克的那本《大陆的最高峰》尽管文字优美，实际上却是一派胡言。

库克博士当了几年的"英雄"，到后来却被认定是登山史上最大丑闻的制造者，舆论界讥讽他为"站在最伟大的山下的最可笑的人"。

麦金利山

50 岁神父征服了冰峰

在麦金利山发生一连串地震的第二年，又有一支登山队前来与坏脾气的麦金利山较量。率领这支登山队的是年过 50 岁的副主教哈德逊·史达克。史达克神父原是英国人，22 岁时移民到美国。他为了实现多年的夙愿，不顾自己年已半百，毅然决定向麦金利山挑战。

史达克神父的队伍里包括教士罗巴多·提特姆，生长在阿拉斯加的瓦鲁特·哈巴，还有来阿拉斯加淘金的卡尔斯坦。他们根据以前汤姆·鲁罗伊都以及巴卡与布朗两次登山的资料，决定采用同样的路线，从马鲁多罗冰川上去，再攀登北棱。

但是，当史达克等人越过冰川之后，却发现那条正北山脊不见了。原来，一年前的大地震，把山的表面彻底改变了。可以说此时的麦金利山是一座新生的雪山，一座完全陌生的山。

改变后的麦金利山山势更加险峻，攀登起来也就更加艰难。呈现在史达克神父面前的是一片冰塔林立的冰瀑地区。

"上帝，这真不可思议！"罗巴多·提特姆教士惊叹着，连连在胸前画着十字。

"看来，我们得尽快离开这个地方。这些冰瀑尽管美丽，可是对我们来说，或许是不祥的预兆。"淘金者卡尔斯坦说。

"叫我说呀，"瓦鲁特·哈瓦挥了挥手中的冰镐，"咱们得用上这个老朋友了。"

"说的对，我的孩子，"史达克神父说，"我们就用开凿站脚处的办法，先穿过冰瀑，再开出一条新路线来。我想，上帝会跟勇敢的人站在一起的。"

他们在冰壁上一个一个地凿孔，开出了一条新路，他们又把东西一样一样地拖了上去。1913 年 6 月 6 日，史达克一行终于征服了南峰。

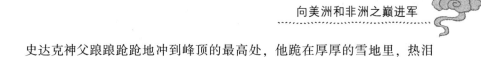

史达克神父跟跟跄跄地冲到峰顶的最高处，他跪在厚厚的雪地里，热泪盈眶地向上帝表达他衷心的谢意。

依照传统的登山习惯，史达克神父观察了温度计和气压计上的读数。他把温度计留在了山上，以便让后来的登山家们找到它，并为他们证明：史达克一行人确实登上了北美洲的最高点。

1932 年春天，阿林达·史脱罗姆和哈里·烈特率领的远征队和阿南·卡白所领导的高山研究登山队先后征服了麦金利南峰，他们都发现了史达克神父留下的温度计。这支温度计显示：麦金利山顶的最低气温是零下 35℃。

残疾姑娘登上美国屋脊

有麦金利山作为北美洲的最高山峰，号称"美国屋脊"之称。由于它接近北极圈，山顶气候十分恶劣，冰川纵横交错，攀登十分困难。著名的登山探险家日本的植村直己就是在攀登此山的过程中遇难的，然而，美国的一个残疾姑娘，独腿登山女英雄萨拉·多尔蒂却凭着顽强的毅力登上了它的顶峰。

1985 年 4 月 29 日，一架装备着起落橇的飞机将她和她的两个同伴送到了海拔 2160 米的卡希尔特纳冰川的东南岔口。她们从这里开始了攀登。她利用自己设计的装有尖钉和冰刀的拐杖，一步一步地向上攀登。到第 8 天，攀登到 3300 米的高度时，刮起了一场大的暴风雪，时速 160 千米的狂风把多尔蒂刮倒在满是乱石、下面是无底深渊的山谷中。为了帮助她，同伴萨姆纳花费了 3 个小时才把她救出。

她经过 20 天的攀登终于登上了号称"美国屋脊"的麦金利峰。平均一天仅向上攀登 200 米多一点，可见攀登难度之大。她在登山的第 5 天就冻伤了 5 个手指。多尔蒂事后回忆说："有时候感到自己简直是疯了，这样是要送命的。然而在我思想上可从未想到过要退缩。"

5 月 19 日，25 岁的她终于在身负 25 磅登山器材且不用假肢的情况下，登上了海拔 6194 米的麦金利山。

多尔蒂并非生下就是残疾人，而是在一次车祸中致残的。她 12 岁时骑着自行车去一位朋友家，一个喝醉了酒的司机开车撞倒了她从而失去了一条腿，但她并不悲观。两个月后，她就开始游泳；冬天，她又学习滑雪。18 岁时，她进入美国波士顿大学的学习医疗，并对登山产生了兴趣。1982 年，22 岁的她从大学毕业。1984 年，她首次登山，选择了海拔近 4800 米的美国境内的芒特雷尼尔尔山，并获得成功。在这次攀登过程，她就决定向麦金利峰冲击。在征服了麦金利峰后，她又决定攀登美国境内海拔达 4100 多米的肯尼迪山。

多尔蒂喜爱引用一位不知名作家的一句话："我们大家都面对着这么一种巨大的可能性，而这种可能性往往是隐藏在看来不可能的情况中的。"

落基山脉

巍巍落基山，群峰耸立，层峦叠嶂，如一条腾空而起的巨龙自北向南绵延起伏几千里，成为科迪勒拉山系的一脉名山，美国辽阔疆域的支柱，被许多美国地理学家称之为北美洲"脊骨"。

蔚然壮观的落基山是美国西部地区的著名山脉，位于科迪勒拉山系的东部，地形复杂多变，山势峻峭险要。整个落基山脉由众多小山脉组成，其中有名的就有 39 条山脉，山体南北狭长，北起加拿大的西部，南至美国西南部的得克萨斯州一带，几乎纵贯美国大陆。大部分山脉平均海拔为 2000 米到 3000 米，许多山峰甚至超过 4000 米以上，如埃尔伯特峰高达 4399 米，布兰卡峰高达 4365 米，隆斯峰高达 4346 米，加尼特峰高达 4202 米。各个峻岭形如长剑，高耸入云；各个险峰，白雪皑皑，云雾缭绕。美国的许多大河如密西西比河、密苏里河、阿肯色河、格兰德河，科罗拉多河以及哥伦比亚河都发源于此地，不少河流还靠山顶的冰雪融化供给水源。因而，落基山脉成为北美洲东西两部最大的分水岭，山脉东部的河流注入墨西哥湾，山脉西部的河流注入太平洋。

踏上南美之巅阿空加瓜峰

安第斯山脉纵贯南美大陆西部，是西半球高耸的脊梁，也是地球上最长的山脉。安第斯山脉的顶端，是由一连串的雪峰排列而成的白练。它的周围，充满了神秘的声音和离奇的传说。

安第斯山脉似一条迷人的魔带，吸引着大批的探险家，也吸引了无数的登山好手们。安第斯山脉的最高峰阿空加瓜峰，被登山家们称为"西半球的展望台"。

阿空加瓜峰位于阿根廷与智利两国边境，它具备了最不利于登山的三个条件：疏松的岩质、猛烈的寒风和稀薄的空气。

阿空加瓜峰顶尽管冰雪较少，但是强烈的山风却从不间断。加上山上的空气十分稀薄，使攀登阿空加瓜峰的登山家都有这样的强烈感受：他们的每一次呼吸，都是在与寒风的殊死搏斗中完成的。

1896 年底，英国登山家爱德华·费茨杰拉德率领登山队来到阿空加瓜峰下。费茨杰拉德在两年前与向导楚·布里根通力合作，攀登了新西兰的达斯曼峰和协荷东峰。这一次，费茨杰拉德的登山队中除了楚·布里根之外，还有英国登山家史邱亚多·温兹和意大利向导尼克罗·兰拉等，可谓兵强马壮，人才济济。

阿空加瓜峰

他们第一个必须解决的问题是：该在哪里扎下营地。这个问题让登山家们忙碌了好几个星期，直到 1897 年的新年快来到之时，费茨杰拉德一行才在高约 4300 米的荷空冰川上，找到了适合他们扎营的地方。从荷空冰川营地到阿空加瓜峰顶，还有 2800 米的陡峭路程。狂风在这一带为所欲为，卷走了成千上百吨的冰雪，还把疏松如砂的岩壁赤裸裸地暴露在阳光之下。攀登者在这样的岩壁上攀登，一不小心就会随着岩砂滑落而送命。

从荷空冰川出发不久，登山队里的一些人就开始脸色灰白，四肢瘫软，体力明显不支了。费茨杰拉德只好让他们退出攀登的行列。庞大的登山队只剩下了五六个人。这五六人鼓足勇气坚持到 1897 年的 1 月 14 日。这一天，他们准备向最后的目标冲击。

到了页岩区，山峰的斜面坡度缓和起来，疲惫不堪的登山队员慢慢地向

阿空加瓜峰

上攀登。离山顶还有 1000 多米的时候，全队人都得了高山病。这种病是随着高度的增加，人体内缺氧影响血液循环而诱发的。他们的体力开始衰竭，出现呕吐、气喘，甚至变得神思恍惚。

费茨杰拉德等人如喝醉了酒，身体摇晃不定。但是，无情的寒风仍不放过他们，一股股强风向他们猛袭过来。他们以最大的毅力忍受着这一切，坚持攀登。他们每前进四五米都得花上几个小时，而且连续四次都被强风击退而下。

当天空稍稍放晴，他们又开始第五次冲击。这一次，他们到达了离山顶 300 米的地方。

胜利在望，费茨杰拉德决定停下来休息和用餐，养足精神后再一举登顶。然而，这是个极其错误的决定，就是这个决定使费茨杰拉德抱憾终生。

这里，海拔在 6600 米以上。由于筋疲力尽，加上高山病，费茨杰拉德和其他几个人用完餐后，就再也站不起来了。

"天哪，峰顶就在眼前，而我不得不放弃攀登，这太不公平啦"费茨杰拉德喟然长叹。他喊叫着，"不行，不能这样，我还得向上，向上！"

老朋友楚布里根阻止他。楚布里根出于对费茨杰拉德生命的考虑，决定让温兹与兰拉护送费茨杰拉德下山，自己则单枪匹马地向山顶冲击。

"放心吧！亲爱的费茨杰拉德，"楚布里根说，"我一定会征服阿空加瓜山，替你教训这个冷酷无情的家伙！"'这时候，楚布里根也已精疲力竭。为了实现夙愿，为了好朋友费茨杰拉德，这位瑞士向导以惊人的毅力挣扎着，挣扎着……终于，他爬到了山顶。他把冰镐插在雪地里，让它留在这西半球的顶点上。

一个星期以后，温兹和兰拉也紧随着楚布里根，攀上了这个西半球的展望台。

费茨杰拉德的登山队在安第斯山脉创造了 20 世纪罕见的英雄业绩。然而，十分遗憾的是，这支英雄队伍的领导者费茨杰拉德本人，却没有能加入到最后征服者的行列之中。

费茨杰拉德登山队的事迹极大地鼓舞了英国国内的登山好手。他们抱着建功立业的志愿，远涉重洋，来到了被欧洲人称之为"新大陆"的美洲。这其中有一支是由康威爵士率领的英国登山队。他们沿着费茨杰拉德登山队开创的路线登上了阿空加瓜山的顶峰。

伊利马尼峰

安第斯山脉

在南美洲大陆的西部边缘，耸立着一条纵贯南北的蜿蜒起伏的巨大山脉，它好像一条将要腾飞的长龙蹲伏在太平洋的东岸，这就是世界上最长的山脉——安第斯山脉。它北起于特立尼达岛，跨越委内瑞拉、哥伦比亚、厄瓜多尔、秘鲁、玻利维亚、阿根廷和智利等7个国家，一直延伸到火地岛，全长超过9000多千米，占地面积达180万平方千米。在委内瑞拉以北的加勒比海水面下，安第斯山脉和西印度群岛、安第列斯群岛弧形山脉相连，在从哥伦比亚伸向巴拿马的山嘴处连接了中美洲和墨西哥的山脉，再向北延伸成为北美的落基山脉。安地列斯山脉向南延伸，最后在火地岛以南没入了德累克海峡。在南极半岛上又以另外的名称重新出现了。安第斯山脉东部是奥瑞诺科大草原、亚马逊河低谷、巴拉那平原和巴塔哥尼亚高原。山脉的西部与太平洋之间隔着海岸山脉。在智利境内，海岸山脉低而且连绵不断，有谷地将它与安第斯山主脉分隔开来；而在秘鲁和厄瓜多尔境内，海岸山脉被东西走向的安第斯山脉的分支所阻隔，直到哥伦比亚境内才得到恢复。

踏上非洲之巅乞力马扎罗

只要读过美国著名小说家海明威的《乞力马扎罗的雪》，就会让人情不自禁地对乞力马扎罗的神秘性以及那具已经风干冻僵的雪豹产生浓厚的兴趣。

乞力马扎罗山有许多优美动人的神话和传说。据说，在很久很久以前，天神恩盖想迁居到该山，以便能够看望他的人民。而恶魔极不愿意天神来此定居，他在山上点起了熊熊烈火，喷出了熊熊烈焰和滚烫的熔岩，以此驱赶天神。天神十分生气，携着电闪雷鸣，降了一场洪水般的暴雨，接着又抛下了冰雹，把火山填满，终于熄灭了恶魔点起的妖火。从此之后，乞力马扎罗山顶就永远成了一片冰雪世界。而那被暴雨浇灭的熔岩则变成了肥田的沃土铺撒在山下的土地上，使人民得以耕耘收获，过上了美好生活。

乞力马扎罗山是一座休眠火山，它位于坦桑尼亚东北部的赤道附近，海拔5895米，是非洲第一高峰，也是世界上最高的火山之一，被称作非洲的"珠穆朗玛峰"。它有2座主峰，一座叫基博，另一座叫马温齐。主峰基博峰，海拔为5895米，超过欧洲境内的任何一座山峰。基博峰顶的火山口，直径达2千米，峰顶的斜面部分被厚约60厘米的雪所覆盖。乞力马扎罗山区有赤道上特有的热带森林。穿过森林，是冰川雪融后形成的激流，它们来自山顶的冰雪世界。1889年，乞力马扎罗山被德国登山家汉斯·梅耶所征服。

从远处看，乞力马扎罗山朦朦胧胧，涂上了一种神秘莫测的气氛，因而阿拉伯人曾把它们称作"飘忽不定的难以抵达的仙山"。当地的土著居民更把它们敬若神明，生活在雪山脚下的瓦查夏部落就认为基博山是一切生命的源泉，他们的许多风俗习惯都与此相关。当瓦查夏青年在路上遇到比自己年长的人时，他必须给长者让路，让长者走靠近基博山的那一面。当他们给死者下葬时，他们也要让死者面对着基博山。德国殖民统治时期，殖民者曾将基博峰命名为"威廉皇帝峰"。1962年坦桑尼亚共和国成立时，政府又将顶峰正式命名为"乌呼鲁峰"，意为"自由"。基博峰顶部有一个极大的休眠火山口。直径达1800米，深200米，底部有无数巨大的千姿百态的玉柱。火山口凝结着坚实的冰块，犹如一个晶莹剔透的大玉盆，十分壮观。

"乞力马扎罗"一词在斯瓦希语中意为"耀眼的山"，即"光明之山"；

"基博"一词在查加语中意为"黑白相间"，因为山上的白雪和黑色岩石相互交错，构成了一幅壮丽雄伟的图画；而"马温齐"一词在查加语中意为"破裂"，这是由于它的山峰是由四五个犬牙形的山峰构成，险峻、挺拔，同圆形的基博峰遥遥相对。由于印度洋上吹来的海风常常被基博峰魁梧的身躯所阻挡，山巅和山腰时有浮云和雾气缭绕，使巍峨耸立的

乞力马扎罗

基博峰若隐若现，变幻莫测，其终年积雪的山峰只有在黎明日出和黄昏日落时才偶尔现出"真身"。每当山峰揭去浓云密雾的面纱露出它那光彩夺目的雪冠时，无论旅游者还是当地山民都会不由自主地停下脚步或手中的劳动，凝望片刻，欣赏着这大自然的壮丽奇观。苍翠朦胧的山体衬托着无边无际的绿色草原，令人心旷神怡，浮想联翩，禁不住感叹这大自然创造的伟大奇迹。

乞力马扎罗山，从远处看是一座巍巍耸立的雪山。到了山中，钻入遮天蔽日的丛林，反而看不到雪山的雄姿丽影了。这是因为该山的植被呈垂直分布，山上山下景色迥然不同。山麓是一片一望无边的热带森林，高大茂密。许多树木高达10多米。在苍老的罗汉松和樟树躯干上缠绕着巨蟒似的藤蔓植物，厚厚的苍苔像绿色帘幕从枝头倒悬而下。这里还有一种名叫木布雷的珍贵硬木，需长达90年的时间才能成材，是盖房、做家具的首选木材，永不腐烂。在盘根错节的地面上，

乞力马扎罗

山溪潺潺流过，发出淙淙的水声。山坡上覆盖着肥沃的火山灰，甘蔗、茶树、剑麻、香蕉、咖啡等各类植物茁壮生长，形成了此起彼伏的绿色世界。雪线以上则是皑皑白雪的峰巅和银蛇蜿蜒曲折般的巨大冰川，形成了一片银色的世界，这壮丽的景色吸引着来自世界各地的旅游者，每年都有成千上万的人们来到这里观赏美丽的自然景观。

乞力马扎罗

乞力马扎罗山麓常年酷热，气温最高可达59℃，但在峰顶，气温又常在零下34℃，终年冰雪覆盖，寒风怒号。平时山峰云缭雾绕，变幻多端，给人一种神秘莫测、飘忽不定的感觉。而每当云消雾散之时，冰清玉洁的山顶，在赤道骄阳的照耀下，呈现出五彩缤纷、绚丽夺目的奇观。

当德国传教士雷布曼和克拉普夫于1848年到达乞力马扎罗时，那里的地层就为欧洲人所知了，不过关于离赤道那么近的（在南纬3°）的地方也有峰顶积雪的山脉的消息，过了很久之后才为人相信。

乞力马扎罗的主峰基博峰是德国地理学家迈尔（Hans Meyer）和奥地利登山家普尔柴勒于1889年首次攀登上去的。马温齐峰是1912年由德国地理学家克卢特最先登顶的。

知识点

非洲第二高峰肯尼亚山

肯尼亚山位于赤道之南，由间歇性火山喷发形成。整个山脉被辐射状伸展开去的沟谷深深切开。沟谷大都是冰川侵蚀造成，山脚约96千米宽。有大约20个冰斗湖，大小不一，带有各种冰渍特征。分布在海拔3750米到4800米之间，最高峰5199米。她穿越赤道线，平时烟雾缭绕，峰顶若隐若现，而在晴朗的日子里几英里以外都可以看到屹立在远处的雪峰。巨大冰河形成的山谷紧靠群山，一片瑰丽的景色。山顶终年积雪，并有15条冰川伸延到4300

米处。海拔 1500—3500 米多密林。2000 米以下多种植园，在火山岩发育的肥沃土壤上种植咖啡、剑麻、香蕉等。

肯尼亚山国家公园位于内罗毕东北 193 千米处，横跨赤道，距肯尼亚海岸 480 千米。海拔 1600 米到 5199 米，占地面积为 142020 公顷，包括：肯尼亚山国家公园 71500 公顷，肯尼亚山自然森林 70520 公顷。1949 年建立国家公园，1978 年 4 月成为联合国教科文组织"人与生物圈"规划的一个生态保护区，从此得到国际公认。成立国家公园前已经是森林保护区。1997 年列入世界遗产名录。

其他攀登冰峰之行
QITA PANDENG BINGFENG ZHIHANG

登山具有特殊的锻炼价值和意义，它对人的各方面素质要求很高，可以全面提高人的综合素质；登山可以进行多方面的科学考察，如地质、高山生理、大气物理、测绘等；登山还可以陶冶情操，净化灵魂，培养进取精神，激起人们对生活的热爱，培养出勇往直前的精神和坚韧不拔的气概；登山可以培养集体主义思想和英雄主义精神；登山还是实现人的理想，证明自己的价值，满足人的心理需要和欲望的一种方式，把看上去高不可攀难以征服的大山踩在自己脚下，享受那份"山登绝顶我为峰"的豪迈，享受那份"登泰山而小天下"的霸气。

世界第二高的乔戈里峰悲剧

当美国登山队在南迦帕尔巴特峰的攀登活动中受到挫折之后，他们的意向开始有所转变。尤其是德国登山队的全军覆没，促使他们彻底改变了主张，转而向克什米尔地区的乔戈里峰前进。

乔戈里峰之所以吸引美国的登山家们，首先是它的地理位置比较重要。乔戈里峰处于亚洲次大陆与中国新疆的边界线上，是喀喇昆仑山脉的最高峰。乔戈里峰海拔8611米，在地球上所有的高峰中，它仅次于珠穆朗玛峰而排行第二。它的山峰呈金字塔形，并有五条山脊。乔戈里峰的冰川和地形结构之复杂，并不亚于珠穆朗玛峰。

乔戈里峰的山中蕴藏有大量的黑云母和其他尚未探明的资源。1856 年，英国人在对它进行测量时，将其定名为 K2（测绘标高的代号，K 代表喀喇昆仑山）。

自 1909 年著名探险家阿布鲁齐公爵率队攀登上乔戈里峰 7330 米的高处以后，整整 29 年，乔戈里峰一直很少有人前来挑战。

乔戈里峰

1938 年，由查理斯·赫斯顿率领的美国登山队来到乔戈里峰山麓。在赫斯顿的指挥下，他们沿着阿布鲁齐山脊攀登到了海拔 7925 米的高度，这个高度创造了美国人的登山纪录。但是，无论他们怎样努力，也无法再越过第一个"肩部"。加上天气突然变坏，美国登山队只好撤退。

1939 年，美国登山家们又卷土重来。这次的登山队仍是上一年的原班人马，只是队长改由弗·威斯纳尔担任。一开始，威斯纳尔一行人前进得十分顺利。当他们到达阿布鲁齐山脊时，登山家古得力·奥尔弗突然踏错脚步而发生了滚坠。

经过抢救，奥尔弗保住了性命，但是由于伤势较重，他常常处于半昏迷状态。为了能及时拿下顶峰，队长威斯纳尔决定把奥尔弗暂时留在阿布鲁齐山脊上的营地里。因为按照计划，支援组马上就会上来，他们可以把奥尔弗带下山去。

威斯纳尔与 3 名雪巴族向导用攀岩者使用的方法，经过冒险奋战终于越过了大约海拔 8000 米的第一肩部。然而，他们上到海拔 8400 米左右，以为胜利即将来到的时候，乔戈里峰上空的天色突然变得漆黑，呼啸的狂风搅动着漫天大雪，他们几乎看不见任何东西。更糟糕的是，他们与支援组直至大本营的联系被切断了。

"雪太大，我什么也看不见！我们可能回不去了！"一名雪巴族向导惊呼起来。

"有我在这里就能逢凶化吉，我的运气总是特别的好。"另一名叫巴桑·其克里的雪巴族小伙子说。

巴桑·其克里长得瘦瘦高高，他生性乐观而又勇敢。在1934年，随同德国登山队远征南迦帕尔巴特时，他有过令人难以置信的死里逃生经历。那次他在暴风雪的袭击下，手脚受到严重的冻伤。在下撤途中，他又从高高的冰壁上摔到了谷底。但他却奇迹般地活了下来。那次经历让其克里相信，自己有神灵的保佑，是绝对不会死的。

最忧心忡忡的是队长威斯纳尔，他不仅为未能登顶而痛苦万分，而且还担心在营地中的奥尔弗。如果支援组上不来，那么，奥尔弗的生死就不得而知了。

他们三人凭着触觉和运气总算下撤到阿布鲁齐山脊上的营地。这时，威斯纳尔发现，重伤的奥尔弗还在昏迷中挣扎。可怜的奥尔弗拖着重伤的身体，孤身一人与死神搏斗了整整一个星期。

乔戈里峰

山峰上的一些地方不断传来雪崩的轰隆声，营地时时处在被埋葬的危险之中。

其克里和两名雪巴人让已经精疲力竭的威斯纳尔先下山，由他们背负奥尔弗随后跟着撤下来。但是，威斯纳尔和登山队的其他人却从此再也没有见到巴桑·其克里。这位人人喜爱的雪巴族英雄，这回终于碰上了厄运。其克里为了救护重伤的奥尔弗，在下山途中与另外两位雪巴族同伴一起被暴风雪永远地埋葬了。

在乔戈里峰发生这次悲剧后不久，第二次世界大战全面爆发了，战争迫使全世界的高山登山运动完全停顿下来。

 **知识点**

喀喇昆仑山脉

喀喇昆仑山脉（突厥语意为"黑色岩山"）位于中国、塔吉克斯坦、阿富汗、巴基斯坦和印度等国的边境上，是世界第二高山脉。"喀喇昆仑"在土耳其语中意为"黑色碎石"。这个名字真正不适合于那些光彩夺目、白雪皑皑的山峰。喀喇昆仑山脉在中国史籍称葱岭，维吾尔语意为"紫黑色的昆仑山"。其宽度约为 240 千米，长度为 800 千米。喀喇昆仑山脉是中国西藏与克什米尔间的一条走向与旁遮普·喜马雅山（大喜马拉雅山脉的一部分）相平行的大山脉。

喀喇昆仑山脉平均海拔 6000 米以上，共有 19 座山超过 7260 米，8 个山峰超过 7500 米，其中 4 个超过 8000 米，诸山峰通常具有尖削、陡峻的外形，多雪峰及巨大的冰川。其周簇拥着数以百计的石塔和尖峰。除了极地，这条山脉的冰川比世界上任何地方都要多和长。

挑战帕米尔高原

亚洲的帕米尔高原，是喜马拉雅山系向西北面延伸的山域。对于从欧洲来的登山者来说，踏上帕米尔，就等于踏上喜马拉雅山的第一个台阶。

当欧洲的"阿尔卑斯运动"爱好者们翻越高加索之后，东方亚细亚的奇观让他们目瞪口呆。哦，我的上帝，这难道也是您造的吗？这些伟大的山峰，竟然会有海拔 7000 米的高度。

在此同时，前苏联的登山好手们也在高加索森林和帕米尔雪峰下的登山营里进行强化训练，一个真正的高山登山运动时代开始了。

苏联的登山学位证书

在历史上，高加索人和帕米尔人都有过攀登高山的经历，但是，登山真正成为一项运动，却是俄国十月革命成功之后苏维埃政权下的产物。

现代的登山运动，有关于登山"困难度"的划定。许多有名的登山家正是以"困难度"来制订登山计划的，这种"困难度"的划定制度，以苏联为最严格。

在这种制度下，苏联体育界在高加索和帕米尔地区建立了许多所登山学校。这些学校教授的是有关登山运动的各种专门课程。在严格的教育下，登山运动成为一门高度精密化的学科。除了登山学校以外，苏联还建立了与之配套的登山营、登山训练场、登山训练等级制度与登山家的等级评定制度。

过去曾经被看作难以攀登的艾鲁波尔斯峰，在划分了"困难度"之后，就开辟为一个训练场所，每年都有数队青年男女运动员来此接受实际锻炼。同时，苏联登山界每年都要举办攀岩比赛。比赛方法是，先让参赛者观看他们从未见过的岩壁的照片，由他们自己选择攀登路线，然后，比赛开始。在比赛过程中，不准更换选定的路线，否则将作为犯规处理。

在这些系统化的训练中，每一个登山队员都必须连续突破竞技上的困难，身怀各种绝技。只有经过各种严格的考试，被认定合格之后，才能领取"登山学士证书"。如果有哪位运动员攀登了被认定是超过他自己实力之上的高峰，那么，不仅不会受到奖赏，相反，只会因违反规定而受到处分。

与西方国家某些初学者不顾一切贸然前往危险的高山的做法相比，苏联登山界的训练方式有着较大的科学性和优越性。也正因为如此，从苏联建立一直到20世纪50年代初，起步较晚的苏联登山运动，赶上了当时世界登山的先进水平，他们在征服高加索和帕米尔的登山活动中，创造了让西方各国登山界吃惊的好成绩。

苏联的这种培养登山运动员的方式，也影响了东欧国家以及中国登山运动，并为这些国家登山运动水平的提高，提供了宝贵的经验。

列宁峰和斯大林峰

在苏联境内的帕米尔艾莱山区，考夫曼峰（海拔7134米）一直被认为是这个山域的最高峰。

1907 年，英国登山队员特·朗格斯在其他 3 名队友的协助之下，曾经征服了喜马拉雅山麓的特里苏尔峰。但是，在以后的 20 年里，登山家们没有再创造过海拔 7000 米以上的高度纪录。

1928 年，一支由苏联与德国联合组成的登山队，十分成功地征服了考失曼峰，并将考夫曼峰改名为列宁峰。这些狂喜的登山家们以为，他们所征服的列宁峰，是帕米尔的最高点。

列宁峰

然而，仅仅过了 4 年，人们又测知，就在这个艾莱山区，还有一座山峰比列宁峰高出 161 米。1933 年，苏联登山家以巨大的勇气和毅力征服了这座海拔 7595 米的新盟主峰。他们以当时苏联领袖的名字把这座山峰命名为斯大林峰。

斯大林峰，位于中亚，苏联解体前为苏联最高峰，现位于塔吉克斯坦境内，是塔吉克斯坦最高峰，海拔 7495 米，属于帕米尔高原一部分。斯大林峰现在称作伊斯梅尔萨马尼峰，曾先后命名为斯大林峰（1962 年前）、共产主义峰（1962—1999 年），1999 年为纪念萨马尼德王朝 1100 周年，塔吉克斯坦举办了国际登山活动，并将原"共产主义峰"改名为"依斯莫依利索莫尼峰"，有 75 位登山爱好者参加了此次的登山活动。

一些西方的登山家们也想领教斯

列宁峰

斯大林峰

大林峰的厉害。当时，英国人已经有攀登世界最高峰珠穆朗玛峰的纪录，但对于斯大林峰他们还是不敢大意。他们在向斯大林峰发起挑战的时候，主动提出与苏联登山界联合组队。在正式攀登斯大林峰之前，两国的登山家在严寒地区进行适应性热身活动后，先征服了比斯大林峰稍低的卡尔摩峰。

尽管准备得十分充分，但是，斯大林峰依然让登山队员特别是英国登山家付出了血的代价。他们在零下30℃的酷寒中艰难地向上爬行，忍受着冷风和雪雨的击打。在攀登一座险峻的雪崖时，英国登山家罗宾·史密斯和威尔弗利德不幸失手，坠下了1200米高的悬崖。阿纳多尔·欧布提尼寇夫和约翰·汉特亲眼目睹了这场惨剧，悲痛极了。

高度已超过7000米了，空气稀薄得临近人能生存的极限。欧布提尼寇夫与汉特每前进一步都得停下来急促地喘气。最后他们还是登上了斯大林峰。

1974年，苏联登山界在列宁峰举行了大规模的国际登山活动。他们邀请英国、美国、法国、日本、意大利、前西德、奥地利等国登山队在列宁峰下建立了"帕米尔74"登山大本营，同时，又组织了由8名女运动健将组成的女子列宁峰登山队。结果，在

斯大林峰

一些国家运动队相继登顶的时候，列宁峰的一侧发生了罕见的大雪崩，8名苏联女运动员全部葬身在雪崩之中，无一幸免。

中苏联合征服"冰山之父"

在新疆的帕米尔高原上，有一座终年积雪的山峰，名叫慕士塔格峰。慕士塔格峰以其雄伟的山势高耸在云层之上，是"冰山之父"。这座高峰，经常被乌云蔽盖着，透出神秘的气息。无数的冰河沿着它的斜面下流，成为山下河流的起源。这里既没有树木，也没有青草，只有在山下的峡谷里，才能看到一点绿色。

慕士塔格峰多年以来一直受到外国登山家的注意。瑞士人、英国人曾几次向这座山峰挑战，却始终未能成功。在尝试攀登慕士塔格冰峰的失败者中，有赫赫有名的瑞士登山家斯文赫定，还有大名鼎鼎的英国登山家伊力克·希普顿。

慕士塔格峰海拔 7546 米，这个高度对于起步才一年的中国登山运动员来讲是一次全新的挑战。

1956 年 7 月，中苏两国的登山运动员编成混合登山队开赴慕士塔格峰，他们准备在这里，改写各自的登山高度记录。

在开始突击以前，中苏登山家在不同的高度上进行了短期的训练，使得自己的内脏器官对高山上缺乏氧气的条件有一定的适应能力。他们在来到大本营之后，就立即开始了对慕士塔格冰峰进行侦察。

慕士塔格峰

两国混合登山队由苏联的著名登山家别列斯基担任队长，中国的史占春与苏联的克克·库兹明任副队长。在他们的指挥下，两国登山健儿于 7 月 8 日侦察攀登到海拔 5500 米的高度，并且发现了英国登山家希普顿当年遗留下来的罐头盒和帐篷零件。

10 日，风和日丽，13 名苏联登山运动员与 11 名中国健儿从大本营出发向高处进击。他们采取步步为营的办法，在海拔5500米到6000多米的地方，建立了第一、第二和第三高山宿营地，并且继续侦察前进的路线，把上千斤重的食品和物资运到几个高山宿营地。然后，他们又回到大本营，进行休整。

在详细侦察的基础上，中苏混合登山队选定了突击路线。这条路线是经慕士塔格西坡，跨越洋布拉克冰河和卡尔吐马克冰河之间的山脊，然后突击主峰。

7月26日下午，征服"冰山之父"的行动正式开始了。突击队员们用牦牛驮上背包，用了两个小时到达位于洋布拉克冰河和卡尔吐马克冰河尾部的一号营地。第二天，队伍在碎石地带奋战了整整6个小时。等到达二号营地之后，高原上特有的牦牛已经吃不住劲了，它们常常停下来喘气，后来干脆赖在地上不走了。这样，突击队员们在接近海拔6000米的高度时，每个人的背上又加重了25～30千克的负担。

接着，他们走过雪桥，通过了冰瀑区，在十分陡峭的雪坡上，每两名中国人与两名苏联人结成一组，一条登山索把他们的生命连在了一起。

前边的道路越来越艰难，积雪又松又深，一脚踏下去，雪就埋到了膝盖之上。爬上一个雪坡，前面又是一个雪坡，开出了一串踏脚处，又得开第二串踏脚处。他们走啊，绕啊，不知道什么时候才能到达准备建立第五号营地的地方。

经过长时间的攀登，他们到达海拔7200米处。傍晚，当他们刚刚支起第五号营地的帐篷时，山上刮起了寒风。虽然大家都穿着特制的鸭绒衣和高山靴，但还是个个被冻得瑟瑟发抖。

7月31日，是中苏联合登山队突击慕士塔格峰的第六天，也是决定他们能否最后征服"冰山之父"的最后一天。

早上6时30分，山脚下还被朦胧的晨雾所笼罩着，而在云雾之上的高山雪坡上，登山队8个突击组的8座帐篷却已经呈现在晨光之中了。

第一突击组的胡本铭与拉希莫夫迅速地钻出睡袋，在帐篷外用冰镐挖来一锅冰雪，用汽油炉融雪烧茶。由于高山地区的气温太低，特别是缺氧，烧一锅开水要用一个半小时的时间。登山队员们的早餐就是茶和糖块。

上午9时，副队长库兹明带领的第一突击组率先出发了。这里，山峰的坡度又加大了，每一步只能跨出30厘米，每分钟最多只能走十步。积雪埋到了大腿，空气的稀薄与大气压力的减低，使得他们的心跳骤然加快。单靠鼻孔已不能满足呼吸的要求，登山队员们个个张大了嘴呼吸。有时，他们会因为脚步太重而倒在积雪中，要使出全身力气才能站起来。刺骨的寒风和冰冻，防寒服和羽绒手套似乎失去了作用。每个人的牙齿都在不住地打战，鼻涕不断地流向嘴唇，浑身的肌肉紧缩成一团，膝关节更是疼痛难忍。

经过一个小时的跋涉，登山队仅仅上升了 100 米，速度非常缓慢。由于高山的恶劣气候，许多队员的高山病症状越来越严重。尽管这样，他们还是在一点一点地前进着。

翻过一个陡坡之后，一直领先的第一突击组里，有两人出现了剧烈的呕吐。由于呕吐所引起的四肢乏力，严重影响了突击组的行程。然而，就在这时，他们惊喜地发现：刚才所征服的，是最后的险阻，从这里到山顶，剩下的是一段最平坦的路了。

下午 1 时，库兹明第一个到达峰顶。10 分钟之后，第一突击组来到库兹明的身边，接着，走在后面的 7 个组陆续登顶。

按照国际惯例，登山队在记录上写道："1956 年 7 月 31 日 14 点 0 分，中苏联合登山队 31 名队员，在正常天气下，登上了海拔 7546 米的慕士塔格顶峰。全体队员把这次登山胜利，献给中苏两国人民的伟大友谊。"

攀登慕士塔格峰的胜利，使得中国人的登高纪录一下子上升近 800 米，与苏联人的高度记录拉平。从此，中国登山运动经过短暂的起步，一下子跨入世界上中等国家的行列。

在征服慕士塔格峰 14 天后，由 4 名苏联登山家与 2 名中国登山家，陈荣昌和彭仲穆，又登上海拔 7595 米的，帕米尔高原的第二高峰公格尔九孤峰。他们再一次改写了两国的登山高度记录。

"亚欧界山" 乌拉尔山脉

乌拉尔山脉是亚洲和欧洲的著名分界线，它一面是俄罗斯平原，另一面是西西伯利亚平原。它大部分在俄罗斯境内，北起北冰洋的喀拉海沿岸，南达乌拉尔河中游，最终伸入哈萨克境内，蜿蜒起伏 2000 多千米，宽约 40～

150 千米，是伏尔加河、乌拉尔河流域同鄂毕河流域的分水岭。

第一个把乌拉尔山脉定为欧亚分界线的是俄国历史和地理学家塔吉谢夫。他通过实地考察发现从乌拉尔山脉东西两侧分流的领域内的动植物群差别颇为明显，向西流的河里的鲤鱼鱼体发红，而向东流的河里的马克鲟鱼、折东鱼的鱼体发白。于是他断定乌拉尔山东麓是欧亚分界线。后来这一说法逐渐被人们接受下来，而且还在乌拉尔东麓立有欧亚两洲界碑。碑高 3 米多，十分引人瞩目。

乌拉尔按当地语意为"黄金之地"，实际上，"乌拉尔"一词源于突厥语，译意为"带子"。的确，乌拉尔山脉好像一条不知被谁抛在欧亚大陆北部平原的窄绸带，从喀拉海岸一直延伸到哈萨克平原。

■■■ 征服"山中之王"贡嘎山

1957 年，中华全国总工会登山队以内地著名高峰四川省大雪山脉的最高点贡嘎山为攀登目标，成功进行了第一次完全由中国人组织的登山活动。

贡嘎山，海拔 7590 米，凌驾于近 20 多座海拔 6000 米以上的山峰之上，气势雄伟，是"山中之王"。在攀登史上，它曾被许多人误认为是世界第一高峰。

"贡嘎"由藏语的译音而来，意思是"白色的雪"。它位于四川省康定和泸定两县境内，雪线高度平均为 5000 米。它周围冰川林立，是世界著名的冰川区域之一。

贡嘎山地区的气候分布非常有趣，在海拔 2000 米以下，是亚热带，2000 ~ 2500 米是温带，3000 ~ 4000 米是寒温带，4000 ~ 5000 米是亚寒带，5000 米以上则是寒带。这种异常典型的垂直状气候的分布，也带来了山区植物的带状分布。所以，它还有丰富的动植物资源。

中国是个地大物博的国家，登山运动如果能很好地为国民经济建设服务，其前景将无可估量。因此，这一次的贡嘎山探险，登山队还特地邀请了北京大学等单位的有关科学工作者参加。在登山的同时。科学工作者对贡嘎山区气候、冰川、地质、地貌和高山生理等进行了考察研究。

1957 年 5 月，天气炎热。在一座海拔 3700 米的贡嘎喇嘛寺里，一片愉快的歌声与经堂里传出的钟鼓声交织在一起，洋溢着一种奇特的气氛。以史占春为首的一支中国登山队，就在这千年古庙里安下了大本营。突击开始之前，副队长许竞带领一支由6个队员组成的侦察队，先去侦察登顶的路线。

那天清晨，天气晴朗，贡嘎山崇高的山尖在天边透露出来，衬托着蔚蓝的天空，愈加显得宏伟。侦察队员们带着中国自己制造的登山装备与食品，沿着起伏不平的冰碛石堆，跨越着山间的激流。这里是一条长达10多千米的溪谷，是贡嘎山的冰川溶化而下的水流汇成的。在溪谷的左右侧和贡嘎山相连处有两条雪山脊，形如两条巨臂。雪线以下，分布着无边无际的原始青冈林、红松林和绿茵茵的草地。这里开遍了五彩缤纷的野花，隐藏着虎、豹、熊、野牛、狐狸、鹿、獐子、盘羊等异兽，还有马鸡、松鸡和一些不知名的珍禽。

侦察队员们出发时，当地的藏民告诉他们，在这个"山中之王"的顶上，有一根黄金制成的神奇魔棒，他们希望勇敢的登山者能把这根魔棒取来。侦察队按照正规的行军速度前进看，4个小时之后，在山脚下的一块平地上选定了一号营地的设置点。这里的海拔是4300米。

这一天，他们一直走到冰碛石区的末端，高度计指针所标出的海拔高度是4700米，从这里再向上500米，即是早年瑞士登山家哈姆带来的考察队所到达的最高点。许竞指挥侦察队的队员在这里建立起二号营地。第二天，一他们将跨过雪线，踏上真正的高山路途。每一个队员的心里都明白，他们必须储备起足够的体力，以应付即将到来的一切考验。

高山上的气候变化无常，那天正午还是万里晴空，火辣辣的太阳烤得地皮翻卷，人眼睛发痛，头脑发昏，而到了晚上，骤然间山尖被黑云吞没，雷电在离帐篷不远的上空不停地轰鸣。一夜的暴风雪使得贡嘎山变化万千，被冰雪侵蚀而风化的岩石和雪崩搅和在一起，滚动而下，一时，山崩地裂，震天撼地。

翌日清晨，风雪已停，浮云像一条玉带环绕山间。侦察队选定了一道通往山脊的岩石坡，垂直高度有500米左右。这条岩石坡的表面已经严重地风化，陡峭而松软的岩石稍受震动，就会变成滚滚的落石。队员们为了避免被滚石砸伤，分路向岩石坡顶部攀登。他们每个人都背着相当于自己体重一半分量的重负，在移动中艰难地寻找着支撑点，每一步都充满了危险，稍有闪失就会失掉重心，而发生滚坠。

　　就这样，500米的岩石坡他们爬了十几个小时。当他们到达山脊顶部时，却发现这里是条绝路，四周都是悬崖峭壁。这时，天色已晚，乌云密集，紧接着，暴风雪又来了。

　　侦察队一时进退不得，连搭个帐篷的可能都没有了。6个人只得挤在一块不到两平方米的岩石顶上，经受着风雪的袭击。队员刘大义警告同伴们说："大家要互相提醒，在这地方是绝对不可以睡着的。"

　　风雪越来越大，积雪湿透了侦察队员们的衣裳。

　　第一次侦察遇阻后，队部决定由队长史占春带领另外7名队员作第二次路线侦察。他们沿一条新的路线——北边的岩石坡和南边的一个雪槽向山脊进军。

　　出发的时候，天气酷热，队员们面孔都被晒脱了皮，只有留大胡子的人稍占了一些便宜。极度的干渴迫使队员们不得不违反登山运动的禁规，用冰雪解渴（冰雪可能染起喉炎，增加登山者在高山上的呼吸困难）。侦察队一直来到海拔5200米的地方，雪地反射的阳光照射得他们全身像烤焦了似的难受。他们在软化了的积雪上十分缓慢地前进着，为了避免滑倒坠崖的危险，他们不时地要用冰镐敲打掉粘满鞋底的雪。

　　这一段都是70°以上的陡坡，每前进一步都得刨出踏脚处，然后用四肢爬行。雪山上经常碰到铺满浮雪下边隐藏着无数裂缝和窟窿的冰瀑区，在前边开路的人必须十分小心地用冰镐探索雪地的情况。

　　突然，队员师秀感到胸前的绳索猛地拉紧，险些把他拉倒。再定睛一看，前边开路的刘连满不见了。白茫茫的地面上，乌黑的窟窿和迅速下沉的绳索表明刘连满坠落到冰窟窿里了。师秀与刘大义费了九牛二虎之力才将刘连满拉上来。事后刘连满说，这个窟窿底下有层层的裂缝和成千成万的冰锥和冰柱构成的冰刀山，深度难测，若没有同伴的及时相救，他就完了。

　　这一天，史占春率领的侦察队到了海拔5400米的地方。黄昏时分，史占春下令在一个靠近雪檐的冰丘上宿营。大家累极了，渴望能得到一次甜睡。但是，无情的贡嘎山又用强劲的山风卷起冰粒，把帐篷"轰炸"得如雷鸣般的响。大家担心帐篷会被风刮走，就用身体压住帐篷的四角。就这样，队员们在这危机四伏的帐篷里过了一夜，有的队员竟睡着了，居然还打起了呼噜。

第二天天气再次变坏，登山队员们遇到了从未见过的雷电现象。当时，人在云层中，天阴降雨，雷电交加。起先，他们只是感到头发在啪啪作响；继而，头发像受到什么东西的吸引不由自主地上下摆动起来。这时有的队员发现同伴的头发外圈和眼睛都冒着电光，一闪一闪，甚至一眨眼，一动手，一抬腿都有闪光。背包上的金属物，发出了恐怖的蓝光。大家立即把金属物全扔在一边，搭起帐篷赶快钻进去，总算躲过了危险。

经过两条冰裂缝和积雪很深的雪桥后，他们到达了海拔 6000 米的山脊。在山脊上，侦察队员们又度过了风雪肆虐的两天。在第二个风雪夜里，他们的帐篷全部被埋在了深深的积雪里。他们穿着单薄的衣服，冒着零下 20℃ 的寒冷，连续挖了十几个小时，才挖出了自己的帐篷和衣服。

这一次侦察，队员们历尽了艰险，然而却为大队找到了一条通往主峰的路线。

就在第二支侦察队与暴风雪搏斗的时候，正在进行高山适应性攀登的大队遇上了一场雪崩。

在贡嘎山附近居住的藏民，在夏日的早晨或黄昏，常常会听到山沟里传来巨大的轰鸣声，那就是雪崩的声音。大雪崩常常是数万吨的冰雪从悬崖上倾泻而下。这种雪崩有极大的摧毁力，这里的人们，经常能看到由雪崩摧毁的大树和由雪崩"搬运"来的山丘。

5 月 28 日，当 13 名队员行进到海拔 5000 余米的一个雪槽边上的时候，一次中型雪崩发生了。"雪崩！"副队长许竞刚刚发出这两个字，一股气浪，随着潮水似的几百吨冰雪，带着巨大的轰鸣倾泻下来。队员们躲闪不及，一下子都被冰雪冲倒了。他们与冰雪一起滚落下去。雪崩在一个缓坡上停住了，13 名队员全部被埋在冰雪的下面。埋得浅一些的队员挣扎着爬了出来，立即去解救埋在深处的伙伴。全部人员被挖了出来，但是，埋得最深的队员丁行友，却永远停止了呼吸。丁行友，这位北京大学气象专业的助教，成了我国登山事业和高山气象研究事业的第一个牺牲者。

然而，悲惨的山难事件和凶恶的贡嘎山没有吓倒新中国的登山家们。全队在突击主峰之前，举行了誓师大会。全体队员面对贡嘎山的主峰庄严地宣誓："为了祖国的荣誉，我们一定要胜利地登上贡嘎山的主峰！"

6月4日，17名队员打点了行装正式向主峰进发。6月10日，他们到达了海拔6000米的山脊。这里，大气压比平地降低了50%以上，氧气稀薄，呼吸越来越困难；然而，要到达顶峰，至少还有4天的路程。

雪脊如刀刃般的陡峭，每一步都存在着危机，每走一步都是在冒险。前进中，有的队员失足滚下数百米的冰坡，遗失了高山装备，还有的则因严重的高山病而躺倒了。队长史占春只得留下部分队员来照顾这些伤病者，这样，能继续前进的只剩下区区几个人了。

他们6个人爬到了海拔6250米的被称为骆驼背的冰坡上，凭着非凡的勇气，硬是用80米长的绳索，下到超过100米的垂直山崖下。

6月11日下午，他们攀登上海拔6600米高处，建立了第六号高山营地。随后，一连两天都是暴风雪，他们的食品快吃光了，只剩下20来块水果糖和一把花生米。

在这样困难的条件下，6名中国登山英雄没有退缩，没有丧失征服山顶的信心。他们在饥饿的煎熬中又前进了100多米，在一道坡度超过70°的冰壁面前，设立了七号营地。

12日夜晚，每个人都未曾合眼。队员国德存掏出少先队员委托他带上顶峰的红领巾看了又看，他深情地说："不把这红领巾带上峰顶，我怎么好意思回去见他们啊！"

13日凌晨1时，风停雾散，星斗满天。队员们在皎洁的月光下清晰地看到了通向主峰的道路，他们兴奋得叫了起来。午夜3时，6个人带着国旗、高度计、温度计、宇宙线测量器、摄影机等向顶峰攀去。

6月13日下午1时30分，史占春、刘连满、师秀、国德存、彭仲穆和刘大义6人终于登上了贡嘎山顶峰。这些英勇的汉子们忘掉了连日来的饥饿与疲劳，在寒风中，他们紧紧拥抱在一起。然后，他们默默地排好队，在云雾中升起了庄严的五星红旗。国德存的眼睛里闪着泪花，他把那条红领巾郑重地系在国旗下的冰镐上。

然而，中国登山健儿为了夺取这次胜利，也付出了极其沉重的代价。除了在雪崩中牺牲的丁行友之外，师秀、国德存和彭仲穆三位勇士，在下山时，不幸滑倒，坠入了万丈深谷。他们为中国的登山事业献出了宝贵的生命，我们将永远铭记他们。

寒温带

寒温带是年平均气温低于 0℃，同时最热月的平均气温高于 10℃ 的地区。与寒带的区分在于寒带的最热月的平均气温低于 10℃。此温度带亦被称为"亚寒带"。

寒温带落叶针叶林是由冬季落叶的各种落叶松所组成的落叶松林，又称为明亮针叶林，是北方和山地干燥寒冷气候下最具代表性的植被。落叶松喜光、耐寒、适应性强，在大兴安岭，它从河岸、沼泽地、沟塘一直到山坡和山顶均有分布，形成浩瀚林海。落叶松林生长挺直、高大，林冠稀疏，常形成大面积纯林，其中间杂有少量的云杉、冷杉和桦木。由于林冠透光所以林下灌木和草本的种类比较丰富，灌木有各种忍冬、蔷薇、绣线菊、茶藨子和溲疏。草本植物有蕨类、唐松草、地榆和风毛菊。在沼泽化土壤上分布的落叶松林下灌木以杜香、越桔和柳树最为常见。

■■■ "雪山之神"的"警告"

梅里雪山又称雪山太子，位于云南省迪庆藏族自治州德钦县东北约 10 千米的横断山脉中段怒江与澜沧江之间，平均海拔在 6000 米以上的有 13 座山峰，称为"太子十三峰"，主峰卡瓦格博峰海拔高达 6740 米，是云南的第一高峰。

1908 年法国人马杰尔·戴维斯在《云南》一书中首次使用"梅里雪山"的称呼。但实际上梅里雪山所指的并不是卡瓦格博所在的太子十三峰，而是指在太子雪山北面的一座小山脉。这个错误主要源于我国 20 世纪 60—70 年代的全国大地测量。当年，一支解放军测量队到了德钦，在与当地人的交流中，误把卡瓦格博所在的太子雪山记作了梅里雪山，并在成图后如此标注出来。从此，太子雪山就成了梅里雪山，这个名字也彻底压过了藏传佛教四大神山之一的卡瓦格博。

梅里雪山主峰卡瓦格博是云南第一高峰，为藏传佛教宁玛派分支伽居巴

梅里雪山

的保护神。峰型有如一座雄壮高耸的金字塔，时隐时现的云海更为雪山披上了一层神秘的面纱。被誉为"雪山之神"的卡瓦格博作为"藏区八大神山之一"，享誉世界。

梅里雪山以其巍峨壮丽、神秘莫测而闻名于世，早在 20 世纪 30 年代美国学者就称赞卡瓦格博峰是"世界最美之山"。卡瓦格博峰下，冰斗、冰川连绵，犹如玉龙伸延，冰雪耀眼夺目，是世界稀有的海洋性现代冰川。

在松赞干布时期，相传卡瓦格博曾是当地一座无恶不作的妖山，密宗祖师莲花生大师历经八大劫难，驱除各种苦痛，最终收服了卡瓦格博山神。从此受居士戒，改邪归正，皈依佛门，做了千佛之子格萨尔麾下一员剽悍的神将，也成了千佛之子岭尕制敌宝珠雄狮大王格萨尔的守护神，称为胜乐宝轮圣山极乐世界的象征，多、康、岭（青海、甘肃、西藏及川滇藏区）众生绕匝朝拜的胜地。

1990 年冬天，经过两年多的准备，中日联合登山队在周密调查的基础上，制定了一个攀登路线。这一次，他们志在必得，一定要登上卡瓦格博峰。出发前，他们还在神山对面的飞来寺前举行了一个盛大的出发仪式，日方队员们带着从日本出发时当地寺庙送的护身符，又接受了喇嘛们的祝福。这次出发，就像他们的登山生涯中若干次出发一样，没有谁觉得它有不寻常之处。

按照计划，一、二、四号营地的建立都很顺利，但在选择三号营地时，中日双方的队员之间发生了争议。中方认为，为了安全，营地应该建立在远离山脊的地方，可以避开雪崩区。日方认为，为了登顶节省体力，三号营地应该尽可能接近山脊中部的四号营地，如果后靠，离二号营地太近，就失去了三号营地的意义。双方都有道理，队长井上治郎只好派队员米谷上山做最终裁判。遗憾的是，米谷上山时，山上大雾迷漫，什么也看不见。最后，井上队长决定，三号营地选择在中方意见靠前一点，日方意见靠后一点的中间位置。

山难发生以后，三号营地的位置成了争议的一个焦点。实际上，三号营地已经经历过一次雪崩警告。段建新当时是登山队的伙夫，人手紧时也负责通讯。他在二号营地住了一个星期。二号营地与三号营地之间是一个 3000 米左右的缓坡，非常开阔，天气晴朗时可以看见三号营地的帐篷。那是在一个中午，伴随着一阵山崩

卡瓦格博峰

地裂的巨响，那声音就像空气爆炸一样断裂，整个山体抖动起来。他冲出帐篷，看到三号营地上方的大冰川轰隆轰隆往下掉，崩塌下来的雪浪携着巨大的气浪直扑向三号营地。大约十几分钟，等气浪平息以后，三号营地才重现。他看到雪崩线在距三号营地约有几百米到 1000 米左右的位置停了位。这只是一个中型雪崩，就发生在山难发生之前十几天。

四号营地建立在海拔 5900 米的一个大冰壁前，登山队以此为基地，准备第一次尝试登顶。1990 年 12 月 28 日上午 11 时 30 分，突击队 5 名队接近主峰背后的山脊，到达 6200 米的高度，这是卡瓦格博从未有过的攀登高度，三号营地的队友得到消息后，都敲盆敲碗为即将到来的胜利而欢呼。然而，就在这个时候，天气突然转坏，乌云遮没了山顶，风也开始刮起来了。在到达 6470 米时，中方队长宋志义感觉东南方向好像有云层向他们压过来。这时，峰顶就在眼前，垂直距离只有 270 米。随着乌云的到来，气温急剧下降。刹那间，5 名突击队员被冻得浑身颤抖。紧接着，狂风怒卷，石碴般坚硬的雪粒，狠狠地抽打在人们的脸上。突击队迫不得已拉起了简易帐篷，以避风寒。暴风雪掠过帐篷，发出犹如砂纸打磨的声响。下午 4 点，风雪依旧肆虐，丝毫没有停止的迹象。井上只能痛苦地命令：取消行动，返回三号营地。但此时，突击队下撤已经很困难了，山顶被黑云笼罩着，漫天风雪中，5 名队员彻底迷失了方向，找不到路了。队员们几次试图冲出黑暗，都因无法辨别方向而被迫放弃。最后，井上队长只得让他们将剩余的食品集中起来平均分配，

做好在山顶过夜的准备。

　　此时，天气越来越坏，风也越刮越大，卡瓦格博峰已经隐藏在一大块很厚的云层中看不到了。队员们再也坚持不住了，准备往下撤。到了晚上10点15分，风突然停住了，乌云散去，月光把雪地照得亮堂堂的。11点13分，突击队安全地回到三号营地。这次突击顶峰功败垂成，5名队员大难不死。这次冲顶的成果，是观察了最后的地形，结论是：已经没有克服不了的难点了。为此，登山队摆酒庆祝，6470米，对攀登卡瓦格博峰来说，已经是一个前所未有的高度了。

　　藏民也得知登山队即将登顶的消息。村民们此时已经不再针对登山队了，而是将他们的不满对着卡瓦格博。队员尼玛还记得，那时老百姓不知该怎么表达他们的愤怒，他们说："阿尼卡瓦格博，显示出你的神威吧，否则，我们就不再敬你了!"，成千上万的喇嘛以及藏民在飞来寺诅咒登山队，信仰的力量，以及各式各样的传说让这次登山充满了宿命的意义。

　　鉴于28日冲顶的经验，登山队决定，登顶日期定为1991年1月1日。但是，从29日开始暴雪突至，天地一片迷茫，把三号营地被死死封住。登顶日期不得不一再后延。在正常情况下，张俊每隔几天就会从二号营地与大本营之间往返一次。1991年元旦，张俊下山后就被漫天大雪困在了大本营。他因此成了这个世界上最后一个看到二号营地的活着的人。

　　1月3日晚上，山上山下仍然像往常一样通过对讲机聊天。10点30分的通话中，山上的队员还在抱怨：这雪究竟要下到什么时候才算完。新雪已经有1.6米厚，差不多超过人了，张俊提醒他们每隔两个小时把帐篷周围的雪清理一下。

　　1月4日一大早，张俊醒来后，感到四周有一种出奇的安静，已经7点半了，居然没有听到山上的对讲机的声音。往常，山上的队员起得很早，五六点就开始吵他们。他打开了对讲机，对方没有声音。半个小时过去，对讲机的那头异样的安静。开始还以为他们睡懒觉，但随着时间一分一秒地过去，大本营的工作人员开始紧张起来，所有人都拿着一部对讲机不停地呼叫着。三号营地17个人，都是很有经验的登山者，而且17部对讲机不可能同时出问题。9点钟很快就到了，和营地的队员失去联系这么长时间，是出发以来的四十多天里从来没有发生过的事情。张俊要求向昆明报告，其他人不同意，他们开了个支部会议，说等到10点以后，再没消息再往上报。

正在这时，大本营附近发生了一次不大的雪崩，这让焦急中等待的队员又平添了一丝恐惧。10点刚到，张俊就向昆明的指挥部做了报告。17位队友在一夜之间就悄无声息的和大本营失去了联系，这是一个难以接受的事实。多年来，张俊最无法忘记的就是这件事，最不愿提及的也是这件事。

等待救援的那段时间，是他一生中最漫长的几天。当时，中方日方的所有队员全都在山上，包括突击的、登顶的和指挥的，整个一个登山指挥系统全部在山上，大本营基本上是属于后勤人员，他们唯一能做的就是被动等待。连日的大雪到了4号这天突然就停了，天空放晴，一丝云彩都没有。接下来的4天里，整个梅里雪山晴空万里。张俊无奈而伤感地说："如果真有神灵的话，那神灵给了我们4天的时间，但我们没有抓住。等到飞机来了，救援队来了，天一下子就变阴了，连日暴风雪。这又成了一个最符合藏民反对我们登山的理由。"

由于天气原因，经过7天漫长的等待后，中国登山队派出的救援小组终于赶到大本营，实力最强的西藏登山队在仁青平措的带领下，日夜兼程从拉萨赶来。滇藏公路两千多千米路程，平日至少需要6天时间，他们两天就赶到了。遗憾的是，救援队到达的时候实际上已经变成了搜索队。几天过去，山上的队员已经不可能存活了。两支队伍加在一起，十名顶级高手聚集一堂，但在铺天盖地的暴雪面前，冲击显得微不足道，他们选择了几条不同的上山路线，都失败了，只有西藏登山队到达一号营地，但无法接近二号营地。二号营地是关键位置，到达二号营地，就能知道三号营地到底发生了什么。

1月9日，一架侦察机趁云层散开的瞬间，在高空飞了几个来回，拍了照片，看到三号营地所在位置有30万吨以上的云团样物体堆积，判断是雪崩。京都大学的救援队也到了，可是西藏队上不去，日本队就更上不去了。1月21日指挥部正式宣布17名队员失踪，搜救行动失败。

22号，救援队宣布撤离。

就在宣布搜救失败、指挥部下撤的当天，大本营附近也发生了一场可怕的雪崩。

一片宽300米、长400米的冷杉林，树的直径都在50厘米以上，在雪崩过后，杉树林齐刷刷地倒伏在地，一棵不剩。十几年过去，灾难发生时的恐怖情形依然如故。在那里放牧的老乡说：这是很奇怪的，这片树林并没有在发生雪崩线路上，仅仅是雪崩的气浪就把树林摧毁了。老百姓说，这是神山的又一次警告。

山难使卡瓦格博越显神秘。接下来的几年里，中国登山协会接到了许多国家和地区的登山申请。对于登山者来说，雪山只是一个高度和海拔，攀登一座从未被攀登过的山峰，是很刺激的，尤其是这座山峰发生了登山史上如此著名的事件。出于对死难者的感情，云南省为京都大学登山队保留了五年的首登权。

登上欧洲之巅厄尔布鲁士峰

提起高加索山，或许我们会立刻想到那位人类的保护神——普罗米修斯，他就是被残忍的宙斯绑在了高加索山。

尽管古老的普罗米修斯的神话早已成为人类遥远的记忆，但高加索依然屹立于欧亚两洲之间，西濒黑海和亚速海，东临里海，成为欧亚之间的天然界限。最高峰厄尔布鲁士峰海拔为5633米，位于高加索山系的中央。它自西北向东南延伸，形成大高加索和小高加索两列主山脉，包括山麓地带在内占地44万平方千米，是个自然生态多变化的地区。

从现代登山运动开始，到阿尔卑斯山登山的黄金时代，人们一直把这项运动称为"阿尔卑斯运动"。随着登阿尔卑斯山黄金时代的结束，除"新路线派"登山家以外，更多的欧洲登山好手们所想到的，是去更远处寻找更高的处女峰，登山家们从此在全球范围搭起供他们表演和冒险的新舞台。

高加索山

从1868年起，英国、法国、意大利、瑞士等国的登山家把注意力移向格鲁吉亚境内的高加索地区、非洲大陆的三大制高点，以及澳大利亚和新西兰等地。

高加索山，地处欧亚两洲的交界处，气候宜人，风光优美。高加索山脉从西北到东南，连接黑海和里海，崇山峻岭连绵 350 千米。尽管高加索的群峰海拔高度都不足 6000 米，但它的雪线平均高度为海拔 3000 米，有着阿尔卑斯山少见的冰峰和雪岭。在高加索松柏常青的群山中间，悬挂着无数条大小冰川；无数条山间急流汇成几条大河，一泻千里，造就了高加索特有的气势。

在马特宏峰被温巴等征服后第三年，一支规模较大的西欧登山考察队来到高加索。率领这支登山考察队的是英国的登山家兼地理学家道格拉斯·弗雷士费尔德爵士。队员中还有两位著名的登山家，他们是创下首次征服勃朗峰布连瓦那冰梁纪录的穆尔和塔卡。

在当时，西欧还很少有人知道高加索山，就连见多识广的穆尔和塔卡也是第一次听说。这次出征原以探查地形等为目的，但是，在探查途中，登山家们抑制不住自己的激情，便乘兴攀登上海拔 5043 米的卡兹别克峰，创下了欧洲登山史上首次征服 5000 米高度的登山纪录。接着，他们又登上了欧洲最高点厄尔布鲁士峰的东峰（海拔 5595 米，略低于西峰）。

在雇用当地土著作向导的时候，弗雷士费尔德的远征队十分惊讶地发现：这些高加索山民尽管没有受过正式的训练，但他们却具有精湛的登山技术，而且登山时还穿着装有防滑铁片的登山鞋。

弗雷士费尔德爵士在 1889 年又来到高加索。这次，他带领的是一支搜索队，目的是查找失踪的登山家汤金和福克斯的下落。

厄尔布鲁士峰

1888 年，W. F. 汤金和亨利·福克斯结伴来到高加索的科西坦多峰。那是一座海拔 5144 米的处女峰。他们原先信心百倍，准备在这里创造一个登山好成绩，但是，他们从此一去不回。一年过去了，还没有他们的消息。

弗雷士费尔德的队伍几乎搜遍了整个科西坦多峰，也没有找到汤金他们的尸体，却发现了他们最后驻扎的营地。所有的东西都完整无缺，一点也没有山贼抢掠的迹象。大伙儿估计，这两位登山家可能是在攀登途中坠崖身亡了。

同是在 1888 年，"新路线派"先驱姆马里也来到高加索，他征服了欧洲第二高峰——德克陶峰（海拔 5197 米）。

在第一次世界大战发生前的 10 年中，高加索山脉逐渐被登山家们所征服。欧洲第一高峰厄尔布鲁士西峰（海拔 5642 米）自从 1874 年被首次登顶后又屡次被人们征服，其中最有名的一次攀登是在 1942 年，因为那次攀登关系到一场重要战争的结果。

那是在第二次世界大战期间，入侵苏联的纳粹德国军队攻占了厄尔布鲁士峰顶。在这个 5600 多米高的欧洲制高点上，德军设置了高倍望远镜，监视着向巴库方向去的苏军增援部队调动情况。只要苏军一有动向，就会被这架"不需要加油和降落的侦察机"察觉，于是，德军就会调集空军和炮兵进行有效的轰炸，苏军因此而遭受到重大的损失。苏军几次想调动部队来争夺这个制高点，都由于缺乏登山技术和经验以及登山装备落后而告失败。有几回甚至整团整营的人员遭受严重冻伤，丧失了战斗力。

在这万般紧急的情况下，统帅部下令征集曾攀登过这座欧洲最高峰的运动员和教练员。于是，一个由登山家组成的山地战斗营很快组成。凭着良好的专业素质，山地战斗营的队员们直扑山顶，很快攻上了顶峰。

在那座被称为"厄尔布鲁士大饭店"的营地里，苏联登山家别列斯基见到了 3 名穿德军军官制服的熟人，他们竟是在 1937 年与 1938 年与他一同攀登这座山峰的三位德国登山家。

征服最高的活火山科托帕克希

严格地说来，科尔特斯他们所攀登的山峰处在安第斯向北延伸的高原上。尽管它具有 5452 米的海拔高度，具有像日本富士山一样的美丽外形，但是，这些都引不起职业登山们的兴趣。因为这些山峰的坡度太缓了，无法给登山家们提供历险的乐趣。

登山家们感兴趣的是安第斯山的本身。这座世界上最长而不中断的山脉，以它无数峻峭的险峰吸引着登山者。

1700 年，一支由法国与西班牙联合组成的登山探险队来到南美洲，他们代表西欧人第一次跨出了向安第斯山宣战的步伐。这支由布盖尔和拉肯达米奴两位科学家率领的登山队伍，十分成功地登上了赤道南端的厄瓜多尔山。

科托帕克希火山是一座位于厄瓜多尔中部安第山的活火山，高5900.8 米，其对称的由雪覆盖的岩锥是世界上最高的火山。

科托帕克希火山

1802 年，德国的科学家和地理学家亚历山大·赫伯特来到厄瓜多尔山，目的是为了登上科托帕克希（海拔 5897 米）和钦博拉索（海拔6272 米）两座火山。但是，赫伯特费了九牛二虎之力才勉强到达钦博拉索火山海拔 5800 米的地方。他望着高高在上的顶峰，无可奈何地耸耸肩，承认自己失败了。

又过了整整 70 年，赫伯特的继承者，德国人威鲁赫尔姆·赖斯和 A·M·艾斯寇巴鲁终于登上了科托帕克希这座世界上最高的活火山。

知识点

火　山

活火山是正在喷发和预期可能再次喷发的火山。休眠火山即使是活的但不是现在就要喷发，而在将来可能再次喷发的火山也可称为活火山。那些其最后一次喷发距今已很久远，并被证明在可预见的将来不会发生喷发的火山，称为熄灭的火山或死火山。一般来说，只有活火山才会发生喷发。

根据哪些准则来判断一座火山的"死"或"活"或"休眠"，迄今并没有一种严格而科学的标准。经验上或传统上将有过历史喷发或有历史喷发记载的火山称为活火山，但是历史记录对每个国家和地区可以是很不相同的，有的只有三四百年，有的则可达三四千年或更长。

根据以上所述，我们可以得到关于活火山的一般概念：那就是正在喷发的或历史时期及近10000年来有过喷发的火山称为活火山。当火山下面存在活动的岩浆系统或岩浆房时，这个火山被认为具有喷发危险性，应置于现代的火山监测系统之中。

■■■ 征服距离地心最远的钦博拉索山

钦博拉索山

1880年，原来在马特宏峰上展开争夺战的老对手爱德华·温巴与詹安东尼·卡烈尔都已40多岁。这两位分别来自英国与意大利的登山英雄，不计前嫌联合组建了登山队来到厄瓜多尔。

温巴与卡烈尔先在厄瓜多尔较为平坦的山上进行探索性攀登。等到完全适应了南美的气候之后，他们才鼓起勇气，向钦博拉索火山的顶峰进军。依照当时的观点，钦博拉索误认为是世界最高峰。所以，他们的准备工作进行得全面而慎重。

南美洲厄瓜多尔的钦博拉索山，是地球最厚的地方。从地心到山峰峰顶为6384.1千米。钦博拉索峰位于安第斯山脉西科迪勒拉山，海拔6310米，是厄瓜多尔最高峰。它是一座休眠火山，有许多火山口，山顶多冰川，在约4694米以上，终年积雪，所有山路均被冰雪封闭，攀登者每走一步，都是在开辟新路，都有生命危险。

钦博拉索山

温巴与卡烈尔同心协力，钦博拉索山峰终于被征服了！这也是他们登山生涯中的高度记录。

温巴与卡烈尔的成功在当时来说是很值得骄傲的。他们的攀登高度记录在南美洲整整保持了25年。尤其让他们高兴的是：经过一番曲折以后，两位老朋友终于在6000多米的高峰上握手言和了。

附录 1　世界最高峰前 30 名

名次	山峰名	海拔	所属山脉
1	珠穆朗玛峰	8844.43 米	喜马拉雅山脉
2	乔戈里峰	8611 米	喀喇昆仑山脉
3	干城章嘉峰	8586 米	喜马拉雅山脉
4	洛子峰	8516 米	喜马拉雅山脉
5	马卡鲁峰	8485 米	喜马拉雅山脉
6	卓奥友峰	8201 米	喜马拉雅山脉
7	道拉吉里峰	8167 米	喜马拉雅山脉
8	马纳斯卢峰	8156 米	喜马拉雅山脉
9	南迦帕尔巴特峰	8126 米	喜马拉雅山脉
10	安纳普尔那 I 峰	8091 米	喜马拉雅山脉
11	加舒尔布鲁木 I 峰	8068 米	喀喇昆仑山脉
12	布洛阿特峰	8047 米	喀喇昆仑山脉
13	加舒尔布鲁木 II 峰	8035 米	喀喇昆仑山脉
14	希夏邦马峰	8012 米	喜马拉雅山脉
15	格重康峰	7982 米	喜马拉雅山脉
16	安纳普尔那 II 峰	7937 米	喜马拉雅山脉
17	加舒尔布鲁木 IV 峰	7925 米	喀喇昆仑山脉
18	喜马珠丽峰	7893 米	喜马拉雅山脉
19	达司铁盖勒峰	7891 米	喀喇昆仑山脉
20	安卡迪珠丽峰	7885 米	喜马拉雅山脉
21	昆扬确士峰	7852 米	喀喇昆仑山脉
22	玛夏布洛姆峰	7821 米	喀喇昆仑山脉
23	南达德微峰	7816 米	喜马拉雅山脉
24	乔莫仑峰	7804 米	喜马拉雅山脉
25	巴丘尔撒峰	7795 米	喀喇昆仑山脉
26	拉卡波希峰	7788 米	喀喇昆仑山脉
27	南迦巴瓦峰	7782 米	喜马拉雅山脉
28	凯居特撒 I 峰	7760 米	喀喇昆仑山脉
29	卡美特峰	7756 米	喜马拉雅山脉
30	道拉吉里 II 峰	7751 米	喜马拉雅山脉

附录2 20世纪世界登山大事记

1907年，英国军事登山队由英军少校朗格斯塔夫率领登上了特里苏尔峰。

1919年3月，英国登山俱乐部开始组织和筹备征服世界最高峰——珠穆朗玛峰。

1930年，英国登山队成功登上喜马拉雅山上海拔7459米的约翰逊峰。

1933年，苏联登山运动员成功登上了海拔7495米的苏联最高峰——斯大林峰。

1936年，海拔7816米的喜马拉雅山南塔铁峰被人成功登上，这是第二次世界大战前世界登山最高纪录。

1950年6月3日，法国登山运动员莫·埃尔左格和勒·拉施纳尔首次成功登上了海拔八千米以上的高峰——安纳普尔那峰（海拔8078米，世界第十高峰，位于尼泊尔中部的喜马拉雅山）。

1953年5月29日，英国登山队员新西兰籍的埃德蒙特·希拉里和印度籍的藤辛·诺尔盖首次从尼泊尔境内的南坡登上了有"世界第三极"之称的珠穆朗玛峰。

1953年7月3日，西德、奥地利混合登山队的西德队员葛·布尔深夜两点突击海拔8125米的南格帕尔巴特峰登顶成功。

1954年7月31日，意大利登山队的勒·拉切捷利和阿·康潘尼奥尼登上了海拔8611米的乔戈里峰（位于克什米尔地区和中国新疆交界线上的喀喇昆仑山脉上，其高度仅次于珠穆朗玛峰，为世界第二峰，亦称K2峰）。

1955年5月15日，法国登山队队员拉·切里等人成功登上了位于珠穆朗玛峰东南16千米处，海拔8470米的世界第五峰马卡鲁峰。

1955年5月18日，瑞士登山队员弗利采姆·卢森格尔姆和莱索姆成功登上了位于中国、尼泊尔边界的世界第四高峰——洛子峰（8511米）

1955年5月25日，英国登山队的德·白恩德、哈尔吉等人从南山脊成功登上了位于尼泊尔边境的世界第三高峰——干城章嘉峰（8598米）

1956年5月9日，日本山岳会登山队队员今西寿男和尼泊尔向导阿尔岑成功登上了海拔 8156 米的世界第八高峰——马纳斯卢峰。

1956 年 7 月 7 日，奥地利登山队的弗利茨·莫拉维克等 3 人沿西南山脊登上位于中国与克什米尔之间的交界线上的世界第十三高峰——海拔 8035 米加舒尔布鲁木 II 峰。

1957 年 6 月 9 日，由队长米·施姆加率领的一支奥地利登山队成功登上了海拔 8051 米的第十二高峰——布若德峰。7 月 7 日另一支奥地利登山队由队长弗·莫拉维茨率领，成功登上了海拔 8035 米的世界第十三峰——加舒尔布鲁木 II 峰。

1957 年 7 月 9 日，奥地利的登山队员米·施姆加、格·布尔等人成功登上了位于中国与克什米尔边界的世界第十二高峰——海拔 8047 米的布洛阿特峰。

1958 年 7 月 5 日，美国登山队员的彼得·珊宁和安德列·考夫曼成功登上了位于喀喇昆仑山上的世界第十一高峰——海拔 8068 米的加舒尔布鲁木 I 峰。

1960 年 5 月 13 日，瑞士登山队的 8 名运动员成功登上了位于珠穆朗玛峰西方 100 千米处的世界第七高峰，海拔 8172 米的被称为"魔鬼山峰"的道拉吉里峰。

布洛阿特峰

1964 年 5 月 2 日，中国登山队许竞（队长）、王富洲、张俊岩、邬宗岳、陈三、索南多吉、米马扎西、多吉、云登和成天亮等 10 名队员首次成功登上了海拔 8012 米的世界第十四峰——希夏邦马蜂（完全坐落在我国境内），创造了一次 10 名队员集体登上 8000 米以上高峰的世界纪录。

1974 年，第一支非洲登山队——坦桑尼亚和赞比亚登山队，登上了非洲最高峰——海拔 5895 米的乞力马扎罗峰。

1975 年 5 月 27 日，我国男女混合登山队从北坡胜利登上了珠穆朗玛峰。

1975 年 9—10 月尼泊尔第一支登山队成功登上了尼泊尔境内的喜马拉雅山上未曾攀登过的卡里隆峰（6700 米）。